Holger Wetzel · Mike Meinert

Stadtführer für Hunde
FRED & OTTO
Unterwegs in Hamburg

Impressum

Bibliografische Informationen der Deutschen Nationalbibliothek

Die Deutsche Nationalbibliothek verzeichnet diese Publikation in der Deutschen Nationalbibliografie; detaillierte bibliografische Daten sind im Internet über http://dnb.d-nb.de abrufbar.

ISBN: 978-3-9815321-4-2

Grafisches Gesamtkonzept, Satz und Layout:
Stefan Berndt – www.fototypo.de

© Copyright: FRED & OTTO – der Hundeverlag / 2013

www.fredundotto.de

Alle Rechte, auch die des Nachdrucks von Auszügen, der fotomechanischen und digitalen Wiedergabe und der Übersetzung, vorbehalten.

Illustration:
Leandro Alzate (www.leandroalzate.com)

Abbildungsverzeichnis

Aah! Agenturalberthamburg, Holger Wetzel, Mike Meinert: S. 9, 12, 13, 16, 17,18, 19, 21, 22, 23, 27, 29, 31, 32, 44, 45, 48, 49, 50, 55, 57, 60, 62, 63, 67, 68, 70, 72, 78, 79, 82, 83, 84, 85, 88, 89, 90, 91, 95, 99, 101, 103, 109, 110, 111, 112, 113, 114, 126, 127, 129, 130, 132, 134, 141, 143, 151, 153, 154, 156, 162, 163, 172, 173, 177, 185, 189, 192, 193, 199, 200, 203, 205, 207, 208, 211, 219, 220, 221, 226, 227, 232 (unten und oben), 240, 241, 242, 243, 244, 246 FRED & OTTO: S. 43 (Ina Maslok), S. 167, 169, 191 (unten), 247, 248, 249 (Alexander Schug) G. Metz: S. 20 (Cornelia Poletto); Heike Roessing: S. 28; Karina Handwerker: S. 35; PJRCG e.V.: S. 37, 39; Daniel Medding: S. 42; Green Petfood: S. 52, 53; Tatiana Gritsenko: S. 58, 59, 61; ullstein bild - BILD der FRAU/Costanzo: S. 74; Alexandra Berndt: S. 76; Topographie: © OpenStreetMap-Mitwirkende (www.openstreetmap.org) Lizenz: CC BY-SA 2.0: S. 86, 87; Kleinmetall GmbH: S. 105, 106; Land of Dogs: S. 107; Vanessa Lewerenz-Bourmer: S. 120; G. Metz: S. 122, 123; T. Grundig: S. 137; Shutterstock: S. 139; René Olhöft: S. 140; Dennis Thering: S. 144; Carl Jarchow: S. 146; Andreas Weiß: S. 147; Kersten Artus: S. 148; Gerd Kekstadt: S.149; Vita-Assistenzhunde: S. 159, 160, 161; Tasso: S. 170; Jutta Bruse: S. 176, 178; Dörte Hauschild: S. 182; Thomas Hinze (Vetfinder): S. 190, 191 (oben); Freddy und Coshima Weigl: S. 196, 197; Larissa Maes (Snoopet): S. 213; G. Metz: S. 215; tiierisch, Onlydog: S. 216; tiierisch, Plum and Ashby: S. 217; Onlydog: S. 218; CITY DOG: S. 222; Sabine Gudath: S. 223; Pet Shop Boyz: S. 224; Sue Glaeser: S. 231, 233; Margit Hermanns: S. 234, 237 (Rechte der Produktabbildungen liegen bei den jeweiligen Herstellern)

Finde uns auf Facebook unter www.facebook.com/fredundotto

Inhalt

Vorwort	8
Schnelleinstieg in die Hamburger Hundewelt	10

Stadt & Hund	15
Ein fotografischer Streifzug	

Züchter, Tierheim & Co.	25
„Harte Jungs beim Ballett"	26
Zu Besuch in Europas zweitgrößtem Tierheim	
„Und plötzlich lag da ein Fellbündel bei uns im Flur."	30
Hunde aus dem Ausland – eine Alternative zum Hund aus dem Tierheim?	
Die Sache mit den Hunden in Süd-Osteuropa	34
Der Tierschutzverein Bruno Pet e.V. rettet rumänische Straßenhunde	
Kleiner Hund für großes Geld	36
Züchter oder Wühltisch: Wo kauft man seinen Welpen am Sichersten?	
Drum prüfe, wer sich ewig bindet..."	40
Eine Checkliste mit zehn Punkten für „vor dem Hund"	
Tierheimhelden!	42
Ein Start-Up vernetzt die Tierheime und hilft bei der Vermittlung	

Futter & Philosophie	47
„Gefundenes Fressen"	48
Ein Besuch auf dem Fleischgroßmarkt	
Weniger Fleisch ist mehr.	52
Ein Tiernahrungshersteller will unsere Hunde zu „nachhaltigen" Konsumenten machen	
„Nur reine Ware..."	54
Bei der Frage, was der Hund fressen soll, scheiden sich die Geister	
„Hamburger Kugeln wollen sie alle"	58
Ein Blick hinter die Kulissen der Hundetrüffel-Manufaktur „Hamburger Kugeln"	

Sitz & Platz	65
„Ich bin doch kein Bonbonautomat"	66
Ein Spaziergang mit der Hamburger Hundetrainerin Maren Grote durch die Hundewelt	
„Die Chemie muss stimmen"	71
Hundepsychologin Imke Wirth betreibt Hamburgs ältesten Hundekindergarten	
„Mann beißt Hund..."	76

Gassi & Co. / Reise & Verkehr — 81

„Zu Gast mit Hund in Hamburg" — 82
Fünf Routen für Vier- und Zweibeiner

„Auf vier Pfoten durch die Hansestadt" — 90
Dog Tours Hamburg bietet geführte Hamburg-Routen für Hunde und Halter an

„Ein Hund will mitdenken" — 94
Beschäftigungstipps für den täglichen Umgang mit dem Hund

„Mobil mit Hund zwischen Alster und Elbe" — 97
Bus, Bahn, Fähre in der Stadt

„Eine Verbindung auf Augenhöhe" — 100
Die besten Strategien für den Streitfall mit Hund

„Er liest und schreibt Leserbriefe" — 102

„Vierbeiner auf vier Rädern" — 104
Für wie viel Sicherheit sorgen Trenngitter, Hundeboxen und Gurte im Auto?

„Ich muss mal" — 108
Die Hamburger Gassiwiesen und Auslaufgebiete im Test

Schon mal den Leinentausch probiert? — 118
Ein Start-Up vermittelt persönliche Betreuung für Hunde

Gesetz & Ordnung / Politik & Soziales — 125

„Helfer helfen Heilen" — 126
So helfen Hunde Menschen mit Demenz

„Zwei zu Null für Sam und Anton" — 129
Mit zwei Besuchshunden in einer Seniorenanlage unterwegs

„Sie kann auch eine Amazone sein" — 133
Vom korrekten Umgang mit amtlichen Bescheiden

„Unsichtbare Helferin" — 138
Wie Blindenführhund Betty den Alltag von Rolf Schilling gestaltet

„Mona ist jetzt mein Hund und Hamburg nicht mehr meine Stadt." — 142
Das Hamburger Hundegesetz und seine Auswirkungen

„Was die Hamburger Politik von Hunden hält" — 144
Meinungscheck in der Hamburgischen Bürgerschaft

„Futter ist nicht alles" — 153
Ein Nachmittag in der Hamburger Tiertafel

Medizin auf vier Pfoten — 158
Die VITA-Assistenzhunde

Versicherung & Schutz — 165

„Lohnt sich eine Krankenversicherung für meinen Hund?" — 166

„Nicht umsonst und auch noch kostenlos" — 168
Tierrettung in Hamburg ist gebührenfrei

„Vermisst & Gefunden" — 170
Der Verein Tasso hilft seit über 30 Jahren, wenn Haustiere ausgebüxt sind

Gesundheit & Wellness — 175

„Aber bitte nicht wie ein Pudel..." — 176
Zu Besuch in Hamburgs ältestem Hundesalon

„Der Doktor und das liebe Vieh" — 181
Wenn der Spaziergang in der Katastrophe endet

„Schnipp, schnapp, ab!" — 184
Tierärztin Dr. Andrea Welz über Vor- und Nachteile einer Kastration

„Würmer machen Blind" — 187
Warum eine regelmäßige Wurmkur beim Hunde enorm wichtig ist

Tierarztsuche leicht gemacht — 190
Wie Software-Entwickler Thomas Hinze auf den Vetfinder kam

Shopping & Lifestyle / Leben & Arbeiten — 195

Portrait Royal – Evolution im Kunsthandwerk — 196
Freddy und Coshima Weigl definieren Tierportraits neu

„Wohin mit Rocky?" — 198
Mit dem Hund ins Büro

„Hunde sind auch nur Menschen" — 201
Zu Besuch in der Zollhundeschule in Bleckede

„Sie müssen den Hund lesen können" — 206
Ein Zollhund im Hamburger Hafen im Übungs-Einsatz

„Ein Hund ist doch keine Handtasche!" — 209
Dogsharing: Zwei Menschen teilen sich einen Hund

Liebe geht über den Hund — 212
Wie ein Start-Up Hund und Menschen zusammenbringt

„Ich kann mir ein Leben ohne Hunde kaum vorstellen" — 214
Ein Interview mit Cornelia Poletto, der Hundebotschafterin 2013

„Albert & Mikes Shopping-Tipps" — 216
Ohne das geht der Hamburger Hund von heute nicht aus dem Haus...

Was wünschen sich Nichthundehalter von Hundehaltern? — 220

Großstadtpfoten und CITY DOG's — 222
Suzanne Eichel gibt Stadtmagazine für Hunde(besitzer) heraus

Pet Shop Boyz — 224
„Einmal Rindernase zum Mitnehmen bitte..."

Gott & die Hundewelt / Trauer & Tod — 229

„Ich will ja nicht die Tiere begöschern" — 230
Zu Gast beim Gottesdienst für Hund und Halter

„Mein Lumpi liegt in der Praxis XY" — 234
Die schleswig-holsteinische Tierbestatterin Margit Hermanns im Gespräch

„Danke für die schönen Jahre mit Dir!" — 239
Der Tierfriedhof in Norderstedt

„Als wir die Asche wieder ausgraben wollten, war der Friedhof voller Menschen." — 242
Vor Ort in Schleswig-Holsteins einzigem Haustierkrematorium

Infos & Adressen — 251
Rabattmarken — 261

VOR WORT

Mit FRED & OTTO unterwegs in Hamburg halten Sie den ersten Hamburger Stadtführer für Hunde und ihre Besitzer in den Händen. „Ein Stadtführer für Hunde?" werden Sie jetzt sagen. Genau! In diesem Buch finden Sie alle möglichen und hin und wieder auch unmöglichen Informationen der Stadt, die wir für Sie zusammengetragen haben. Themen, die (nicht nur) jede Hamburgerin und jeden Hamburger interessieren. Unser Stadtführer für Hunde spannt dabei einen Bogen, der die vielfältigen Momente und Stationen des Lebens mit Hund berührt. Das fängt beim Welpen- oder Hundekauf an und geht bis zur Sterbebegleitung. Mit vielen bunten und informativen Kapiteln dazwischen wie Erziehung und Ernährung, Lifestyle und Hundepolitik.

Hamburg ist eine grüne Stadt mit viel Wasser und ungeahnten Auslaufmöglichkeiten für Hunde. Trotzdem ist es nicht immer einfach, einem Stadthund genügend Auslauf zu geben. Wer selbst einen hat, kann ein Lied davon singen. In manchen Situationen ist die Organisation des eigenen Lebens mit Hund eine echte Herausforderung.

FRED & OTTO unterwegs in Hamburg richtet sich mit vielen nützlichen Tipps, Adressen und Anregungen in erster Linie (aber nicht nur) an Stadthundebesitzer. Wir haben vielen Experten zwischen Alster und Elbe Fragen gestellt und diese für Sie in diesem Buch zusammengeführt.

Hamburgs Hundewelt ist bunt

Die Hamburger Hundewelt ist eine bunte Welt. Es gibt die verschiedensten Rassen und Geschichten, woher diese Hunde kommen. Und es gibt immer wieder die unglaublichsten Erzählungen, warum Hamburgerinnen und Hamburger Hunde haben. Das alles unter einen Hut zu bringen ist natürlich unmöglich. Aber wir haben es mit dem vorliegenden Buch hoffentlich geschafft, Ihnen schöne Anregungen, Informationen und Einblicke zu geben.

Neben vielen Bildern von Hamburger Stadthunden und bunten Geschichten war es unser Ziel, ein Buch für Sie zu schreiben, das auch einen hohen Nutzwert hat. So können Sie mit den Rabattcoupons unserer Partner viel Geld sparen. Und Sie werden staunen, wenn Sie erst mal einen Blick auf den beigelegten Hundestadtplan geworfen haben.

Herausgekommen ist mit FRED & OTTO unterwegs in Hamburg ein Stadtführer für Hunde, der Lust macht, reinzublättern.

Die Idee zu diesem Stadtführer ist uns gekommen, weil uns im Laufe der Jahre mit Albert immer wieder Menschen angesprochen haben, wie das Leben mit Hund in Hamburg „denn so ist". Wir haben Nichthundebesitzer gesprochen und mit anderen Gassigehern gefachsimpelt. Und uns immer wieder die Frage gestellt: Was können wir hier mit Albert, ergo: mit Hund machen. Und was nicht? Und irgendwann war sie da, die Idee, dieses Buch zu schreiben. wir haben andere Hundebesitzer kennen gelernt, sind in Konflikte hineingelaufen, haben uns über so manches gewundert und wollten dabei immer nur eines: in Ruhe mit Albert in der Stadt leben. Wir haben dazu viel recherchiert und sind irgendwann auf den Trichter gekommen: In Hamburg leben viele Menschen gemeinsam auf relativ engem Raum. Es gibt also immer Diskussionen darüber, wie man diesen engen Raum nutzen soll und wer wo „Vorfahrt" hat.

Schlussendlich sind wir uns ganz sicher: Hundehalter in Hamburg zu sein, heißt auch, sich mit seiner Umwelt, seinen Mitmenschen und mit der Politik auseinanderzusetzen, die das Zusammenleben mit Hund regelt. Vor diesem Hintergrund möchte dieses Buch Sie ein bisschen dazu anregen, ein bewussterer und umsichtiger Stadthundebesitzer zu sein. Verantwortung zu übernehmen und Konflikte zu schlichten. Und auf jeden Fall

auch unglaublich viel Spaß zu haben, Natur zu genießen und Freude an Ihrem Hund zu haben.

Albert - ohne Holger Wetzel und Mike Meinert.

An dieser Stelle möchten wir ganz herzlich allen danken, mit denen wir gesprochen haben, die wir interviewen und fotografieren durften, die uns Tipps und Hintergründe verraten haben. Das Buch, das dabei herausgekommen ist, ist ein buntes Kaleidoskop der Hamburger Hundewelt, das wir selbst mit großer Hingabe geschrieben haben.

Alles Gute und viel Spaß beim Lesen und Ausprobieren!

Holger Wetzel und Mike Meinert & Albert

(PS: ... und wer sich fragt, wer Fred & Otto sind ... also das ist so: Otto ist schokobrauner Labrador und gehört unserem Verleger Alexander Schug. Der dachte aber, dass Otto noch einen besten Kumpel braucht, mit dem er durch die Stadt streift – und so kam in Gedanken Fred dazu, ein kleiner Terrier, mit dem Otto nun die Welt erobert. FRED & OTTO hört sich natürlich viel besser an, denn Otto allein zu Haus ging ja nicht. Und Albert und Otto kannten sich zu dem Zeitpunkt nicht. Und nun wissen Sie, weshalb FRED & OTTO FRED & OTTO heißt!)

Schnelleinstieg in die Hamburger Hundewelt

Anzahl der Hunde
55.000 steuerlich erfasste Hunde (2012)

Höhe der Hundesteuer
Die Steuer beträgt 90,- Euro im Jahr und bei gefährlichen Hunden 600,- Euro im Jahr. Das Finanzamt ist zentral zuständig für die Festsetzung der Hundesteuer in Hamburg. Mit der Anmeldung beim Hunderegister wird auch gleichzeitig die steuerliche Anmeldepflicht erfüllt. Dies gilt ebenso für die Abmeldung. Um eine beschleunigte Bearbeitung bei möglichen Erstattungen zu erreichen, können Sie Ihren Hund daneben auch direkt beim Finanzamt abmelden. Bei Erlass- oder Befreiungsanträgen wie zum Beispiel Bezug von Leistungen zur Sicherung des Lebensunterhalts oder Schwerbehinderung von mehr als 50 Prozent müssen Sie sich neben der Registrierung beim Hunderegister an das Finanzamt wenden.

Wo muss ich in der Stadt anleinen?
Außerhalb des eigenen, eingezäunten Grundstücks müssen alle Hunde angeleint sein, außer in den gekennzeichneten Hundeauslaufzonen. Ein Antrag auf Befreiung von der Anleinpflicht ist beim Bezirksamt möglich. Weiterhin gilt: Hunde müssen angeleint werden z.B. in Grünanlagen, in Einkaufszentren u. Fußgängerzonen. An bestimmte Orte (z.B. Spielplätze) dürfen Hunde nicht mitgenommen werden. Gefährliche Hunde sind immer mit Maulkorb und Leine zu führen.

No-Go-Areas
Auf Hamburger Spielplätzen, Liegewiesen, in Blumengärten oder Biotopen in Grünanlagen haben Hunde generell nichts verloren. Das gilt für alle Hunde gleichermaßen. Im restlichen Parkbereich dürfen Hunde nur angeleint mitgeführt werden. Ausgenommen davon sind natürlich die Hundeauslaufzonen und die Freilaufmöglichkeiten für gehorsamsgeprüfte Hunde. Die Bezirksämter haben das Mitführen von Hunden - ausgenommen Führhunde - in folgenden Parkanlagen nicht gestattet: Bezirk Eimsbüttel: Unnapark, Bezirk Altona: Ehemaliger Friedhof Norderreihe Bezirk Altona: August-Lütgens-Park Bezirk Harburg: Schulgarten im Harburger Stadtparke

Wo darf mein Hund baden?
An den ausgewiesenen Badestellen ist das Baden für Hunde nicht zulässig. Für Hunde gibt es gesonderte Bademöglichkeiten im Bezirk Bergedorf: Eichbaumpark / An der Dove Elbe (mit Badestelle), Grünes Zentrum Lohbrügge (mit Badestelle), Neu Allermöhe / Grünzug an der BAB (Badestelle)

Haftpflicht und Chip
Alle Hunde ab Vollendung des 6. Lebensmonats müssen mit einem elektronisch lesbaren Transponder (Mikrochip) gekennzeichnet sein. Der Mikrochip wird von den niedergelassenen Tierärzten appliziert. Ausnahmen können nur aus zwingenden tiermedizinischen Gründen gestattet werden. Hierzu muss ein ausführliches tierärztliches Attest vorgelegt werden.

Alle Hundehalter müssen eine Haftpflichtversicherung abschließen. Mindestversicherungssumme: 1 Mio EUR, Selbstbeteiligung: max. 500 EUR. Die Versicherung muss mindestens die Haftung des Tierhalters nach § 833 BGB umfassen. Aus der Versicherungsbescheinigung muss eindeutig hervorgehen, welcher Hund versichert ist - am besten, die Chipnummer des Hundes ist eingetragen.

Regelungen für „gefährliche Hunde"

Bullterrier (neu), Pitbull-Terrier, American Staffordshire Terrier und Staffordshire Bullterrier gelten in Hamburg immer als gefährliche Hunde. Die Haltung ist erlaubnispflichtig, der Hund ist stets mit Maulkorb u. Leine zu führen. Der Hund darf nur zuverlässigen Personen zum Ausführen überlassen werden. Am Zugang zum Grundstück bzw. zur Wohnung ist mit einem Warnschild kenntlich zu machen, dass ein gefährlicher Hund gehalten wird. Um die Erlaubnis zur Haltung eines gefährlichen Hundes zu erhalten, muss ein Schriftlicher Antrag gestellt werden, der berechtigtes Interesse an der Haltung des gefährlichen Hundes, Nachweise über die Sterilisation oder Kastration des Hundes, über das Bestehen einer Haftpflichtversicherung, über die fälschungssichere Kennzeichnung mittels Mikrochip und über die Zuverlässigkeit (insbes. Volljährigkeit, Straffreiheit, keine schwere psychische Erkrankung, keine Alkohol-, Arzneimittel- oder Drogenabhängigkeit) dokumentiert. Detailauskünfte erteilt das zuständige Verbraucherschutzamt.

Die Gebühr für die Ausstellung der Erlaubnis, einen Gefährlichen Hund in Hamburg zu halten beträgt 320 Euro plus 13 Euro für das Führungszeugnis.

Bullmastiff, Dogo Argentino, Dogue de Bordeaux, Fila Brasileiro, Kangal, Kaukasischer Owtscharka, Mastiff, Mastin Espanol, Mastino Napoletano, Rottweiler und Tosa Inu gelten ebenfalls als gefährlich. Für sie kann eine Freistellung erhalten werden. Welpen und Junghunde bis zum 15. Lebensmonat können nur befristet freigestellt werden. Voraussetzung: Wesenstest für Junghunde oder der Nachweis der regelmäßigen erfolgreichen Teilnahme an einer Junghundeausbildung. Benötigte Unterlagen: Schriftlicher Antrag, Gutachten eines anerkannten Sachverständigen über einen erfolgreich durchgeführten Wesenstest, Nachweise über Sterilisation oder Kastration des Hundes, über das Bestehen einer Haftpflichtversicherung und über die fälschungssichere Kennzeichnung mittels Mikrochip. Detailauskünfte erteilt das zuständige Verbraucherschutzamt. Die Kosten für die Freistellung betragen 160 Euro.

Hundehaufen

Jeden Tag fallen in Hamburg 12 Tonnen Hundekot an. Alle Personen, die einen Hund ausführen, müssen den Kot des Hundes aufnehmen und ordnungsgemäß entsorgen. Die praktischen Gassi-Beutel der Stadtreinigung Hamburg (SRH) gibt es kostenlos in allen Hamburger Filialen der Iwan Budnikowsky GmbH und in den Hamburger Filialen der Drogeriekette dm. Außerdem gibt es sie auf allen 13 Recyclinghöfen der Stadtreinigung, bei den Mitarbeitern der SRH-Gehwegreinigung oder bei den Kümmerern in ausgewählten Stadtteilen und an den 18 Infotafeln der Hunde-Lobby. Jede Plastiktüte eignet sich ebenfalls für das Aufsammeln von Hundekot. Verstöße gegen die Kotbeseitigungspflicht werden mit einem Bußgeld geahndet.

Anzahl Auslaufgebiete

An über 100 Orten im gesamten Stadtgebiet wurden von den zuständigen Bezirksämtern Hundeauslaufzonen eingerichtet.

Hunde im öffentlichen Nahverkehr

Im HVV (U-Bahn, Busse, S-Bahn) fahren Hunde zum Nulltarif. Bitte beachten Sie, dass Hunde in allen Fahrzeugen und innerhalb der Bahnhöfe an der Leine zu führen sind. Die Mitnahme von gefährlichen Hunden (Hamburger Hundegesetz) ist ausgeschlossen.

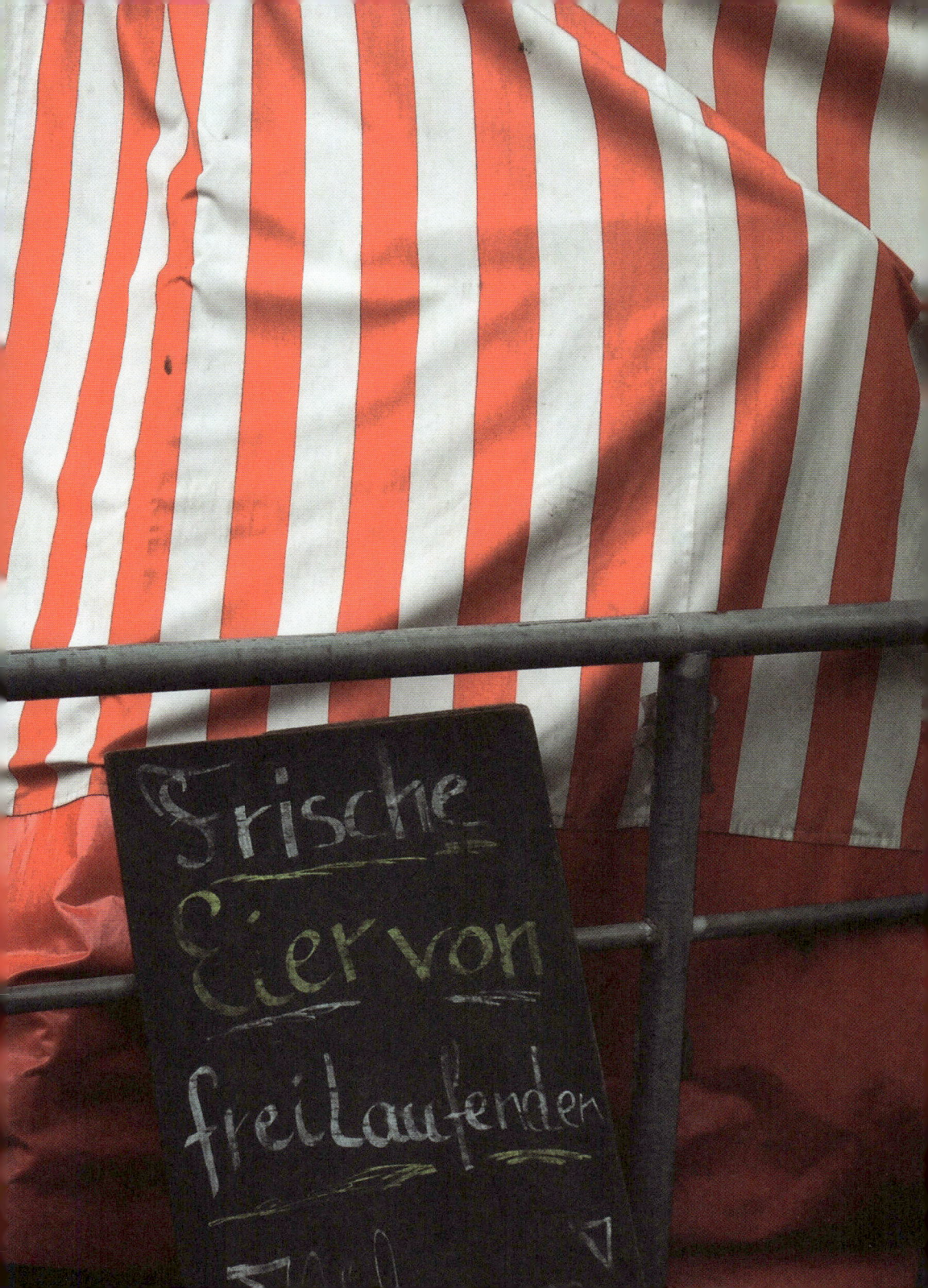

Stadt & Hund

Hamburg die Hundestadt. Kein Tag zwischen Elbe und Alster, an denen wir nicht großen, kleinen, frechen, guterzogenen, alten und jungen Hunden begegnen. Ob Harburg oder Blankenese, Schnelsen oder Eppendorf: Hunde und Hamburg gehören einfach zusammen. Gut 55.000 Hunde leben in Hamburg und bestimmt kommen noch viele steuerlich nicht gemeldete, quasi „illegale" Hunde dazu. Aber mal ehrlich: Was ist schon „illegal"? Kein Hund ist illegal, denn Hunde gibt es in Hamburg schon seit ewigen Zeiten. Als fester Bestandteil unserer Stadt und Teil unserer Kultur. Zum Einstieg ein fotografischer Streifzug durch die Hansestadt.

Sylvia Feldmann mit YUMA und INDIAN SUMMER: „Hamburg ist eine tolle Stadt. Unglaublich grün und mit ganz viel Wasser. Außerdem liegt Hamburg zentral. Ich komme mit den Hunden überall hin - und bin im Nullkommanix mit meinen Beiden am Meer."

Susanne Neugebauer & Wolf-Dieter Greuel mit GRETCHEN
„Tierheimhunde schärfen den Blick fürs Wesentliche. Man selbst ist sich seines Glückes bewusst, weil an jedem Hunde-Elend auch ein Menschen-Elend hängt. Das Leben mit Hund ist bereichernd. Die Jahre ohne Hund sind verplemperte Jahre gewesen."

Margaretha Bott und SUSI: „Für mich ist ein Hund einfach etwas ganz Tolles. Hunde bereichern das Leben um ein Vielfaches. Da möchte ich nicht drauf verzichten."

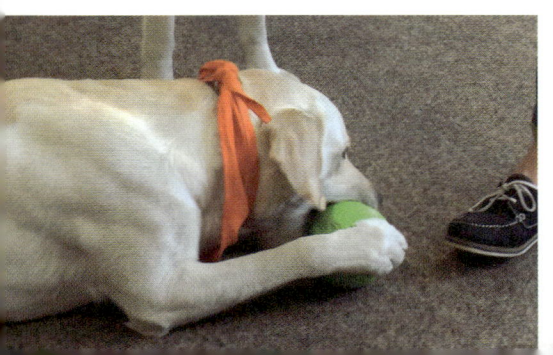

Mike Meinert mit ALBERT:
„Wer mit einem Hund in der Stadt unterwegs ist, lernt unglaublich viele nette Leute kennen. Das geht ganz einfach. Die Hamburger sind nämlich gar nicht zu zugeknöpft, wie es oft heißt."

Dörte Hauschild mit TAKIS:
„Mit einem Hund hat man eine tierische Verantwortung. Sich selbst, dem Hund und seiner Umwelt gegenüber. Umso wichtiger ist es, dass es in Hamburg mehr eingezäunte Hundewiesen gibt. Damit auch unsere Stadthunde sich austoben können und ein schönes Leben haben. Mich stört es, dass in Hamburg an vielen Stellen Beutelspender fehlen und dass immer mehr Mülleimer abgebaut werden. Für die Hundebeutel…"

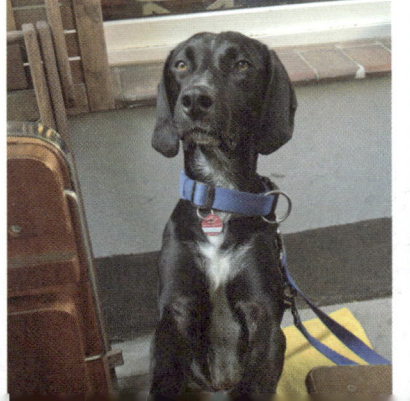

Nadine Rissiek mit PETTY:
„Hamburg ist eine großartige Stadt. Wir zwei können uns über nichts und niemanden beschweren. Für uns gibt es keine schönere Stadt auf der Welt."

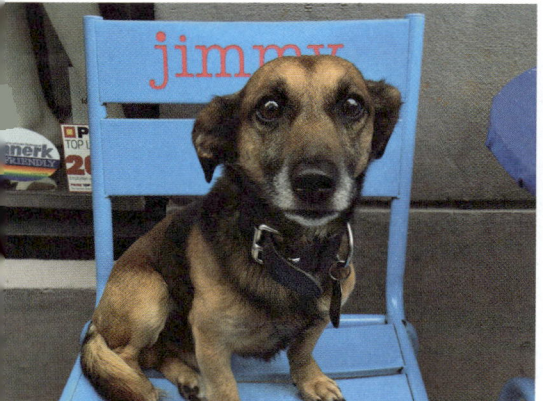

jimmy

Cornelia Poletto mit FRANZ:
„Hamburg gehört zu den grünsten Städten in Deutschland. Mit der Alster, der Elbe und dem Stadtpark bietet die Stadt tolle, zentral gelegene Auslaufgebiete."

Alex Ruder mit EMMA:
„Mit Hund möchte man es natürlich allen Leuten Recht machen. Man will ja friedlich seine Runden drehen. Leider funktioniert das nicht immer, weil nicht jeder entspannt auf Hunde reagiert."

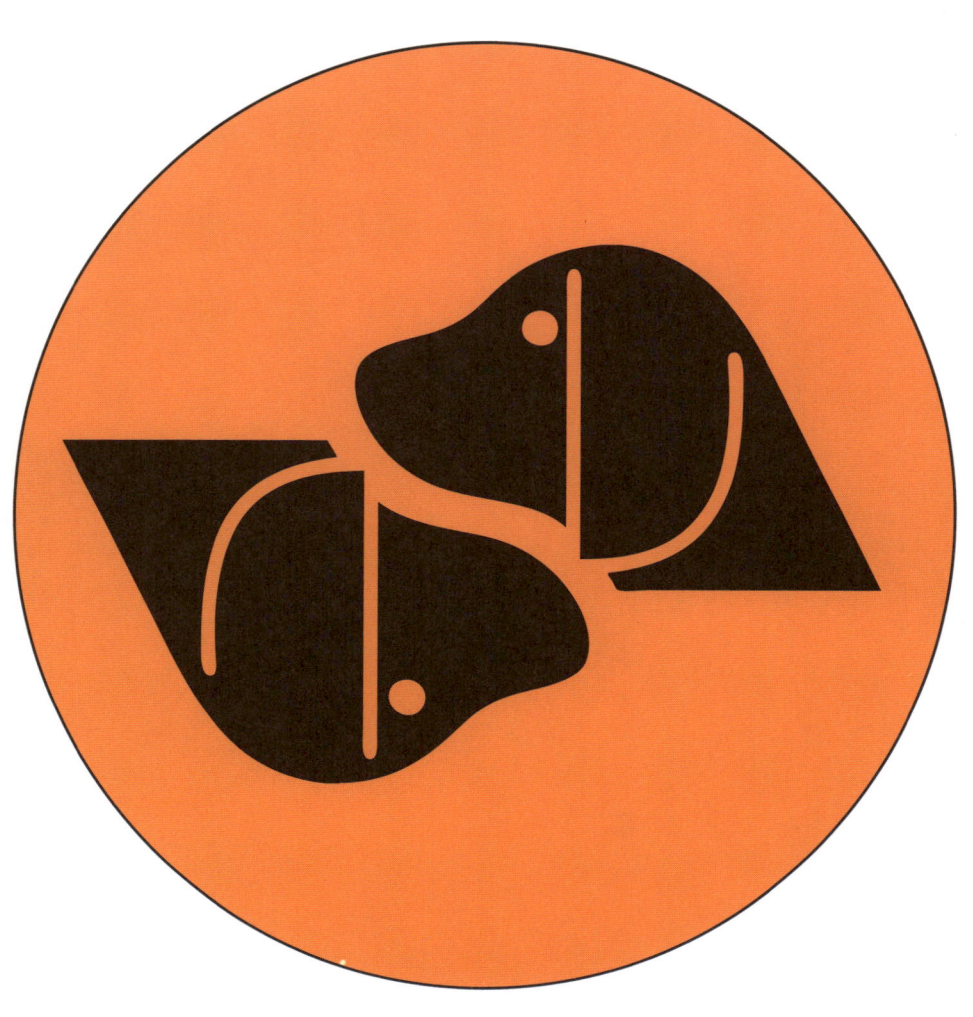

Züchter, Tierheim & Co.

Woher kommen Hunde eigentlich? Wir haben uns umgesehen und mit Leuten gesprochen, von denen man Welpen und erwachsene Hunde bekommt: Züchter, Tierheim und Hamburger, die ihre Hunde aus südeuropäischen Tierheimen und Tötungsstationen gerettet haben. Eine Information haben wir immer wieder gehört: Niemand sollte Billigwelpen kaufen, die vorzugsweise aus Osteuropa kommen. Sie sind nicht nur sterbenskrank, sondern wurden auch noch unter erbärmlichen Bedingungen in die Welt gesetzt. Aber den richtigen Hund zu bekommen, ist nicht nur eine Frage der richtigen und vertrauensvollen „Quellen". Ebenso wichtig ist zunächst einmal die Frage: Ist ein Hund überhaupt das passende Haustier für mich? Und wenn ja: Welcher Hund passt am besten zu mir, zu meiner Familie und zu meinen Freunden?

„Harte Jungs beim Ballett"
Zu Besuch in Europas zweitgrößtem Tierheim

Eine Ballettschule macht aus kleinen Raufbolden - wir sprechen hier von Jungen und Mädchen - zwar keine Engel, aber im Laufe der Zeit recht wohlerzogene Knirpse. Verlorengeglaubte Tugenden stehen plötzlich hoch im Kurs: Ein respektvoller Umgang miteinander, gegenseitiges Vertrauen und Verlässlichkeit. Nicht zuletzt die Aussicht auf eine Belohnung im Fall einer erfolgreichen Kür lässt einen Ballettschüler Tag für Tag eifrig und voller Fleiß für den großen Auftritt üben. Und wie im echten Menschenleben gilt auch hier: wenn sich alle an die zu befolgenden Regeln halten, sind am Ende eines Probentages meistens auch alle mit sich und ihrer Umwelt zufrieden. Es gibt keinen ersichtlichen Grund, warum diese Grundregeln nicht auch beim Hundeballett gelten sollten. Die Raufbolde an diesem Nachmittag sind die dreijährige Roxy, der fünfjährige Calito, genannt „Kalle" und Freia, sechs Jahre alt. Drei gestandene Hunde; glänzendes Fell, wache Augen und alle miteinander das, was der Laie gemeinhin einen „Kampfhund" nennt. Dieser Ballettunterricht findet bei strahlendem Sonnenschein auf einem der vier Auslaufplätz des „Hamburger Tierschutzvereins von 1841 e. V." statt. Der Hamburger kennt diese Institution vielleicht eher unter dem Namen „Tierheim Süderstraße". Es ist übrigens das zweitgrößte Tierheim Europas. „Listenhunde", korrigiert Susanne David. „Wir nennen die drei ‚Listenhunde'. Weil sie auf der Senatsliste der Hunde mit Gefahrenpotential stehen. Und weil wir finden, dass das Wort ‚Kampfhund' völlig irreführend ist." Susanne David, die Leiterin der Hundeschule im Tierheim Süderstraße, muss es wissen.

Üben für den Tag der offenen Tür

Die Frau mit den wachen Augen und dem kräftigen Händedruck gewährt während ihres täglichen Rundgangs über das knapp vier Fußballfelder große Gelände einen kleinen Einblick in Ihre Arbeit in Europas zweitgrößtem Tierheim. Einen Blick hinter die Kulissen der Süderstraße 399. Fünf Millionen Euro Kosten verursacht das Tierheim im Jahr. Der Senat steuert jährlich 1,5 Millionen Euro bei. Die restliche Summe wird durch die Beiträge der 4.300 Mitglieder sowie durch Spenden und Erbschaften jedes Jahr wieder aufs Neue aufgebracht. Neben einer Ziege, einem Esel und sechs Schafen wurden hier immerhin 161 exotische Reptilien und Amphibien sowie sage und schreibe 1.156 Hunde und 2.290 Katzen aufgenommen, medizinisch untersucht, wenn nötig geimpft, gefüttert, gepflegt, betreut, und versorgt. Rund 10000 Tiere sind das im Jahr 2012 insgesamt gewesen, die durchschnittlich von mehr als 35.000 Menschen pro Jahr besucht werden.

Übung macht den Meister.

Ballett als Mittel zur Resozialisierung

Susanne David kennt die Zahlen auswendig. Derweil üben die Balletschüler gerade „Rückwärts einparken". Und kennen offensichtlich noch nicht soviel von der hohen Kunst der leichten Muse. Lisa Kruse, Beata Rockel und Ana Thu Do sollen das ändern. Die drei Frauen arbeiten seit Jahren im Tierheim als

Gassigeherinnen und sind drei von über 50 regelmäßigen und 100 sporadischen ehrenamtlichen Helfern, die die rund 85 hauptamtlichen Mitarbeiter des Hamburger Tierschutzvereins unterstützen. Und einmal pro Woche versuchen sie sich als Ballett-Lehrerinnen. In dieser Funktion versuchen sie mittels Klickertechnik und in der Hosentasche verstecken Leckerlies, den drei Hunden die Grundlagen des klassischen Hundeballetts beizubringen. Hundeballett ist ein geeignetes Mittel zur Resozialisierung der Tiere: In der Gruppe angelernt und trainiert, lernen die Listenhunde soziales Verhalten und werden nach vielfach traumatischen Erfahrungen auf ein mögliches Leben außerhalb des Tierheims vorbereitet. „Jedes erste Wochenende im Oktober ist bei uns Tag der offenen Tür", berichtet Ana Thu Do. „Da müssen wir jetzt mal so langsam anfangen mit den ersten Übungen, wenn unser Hundeballett bis dahin stehen soll." Es ist Ende Mai. Hundeballett scheint also eine sehr zeitaufwendige und vor allem langwierige Arbeit zu sein.

Hundeerziehung auch, weiß Susanne David zu berichten. Mittlerweile hat sie die Tieraufnahmestation mit Praxis, OP-Saal, einem Röntgenraum und der Quarantänestation gezeigt. Alle unterteilt nach Tierarten, schließlich passen Katzen und Singvögel genauso wenig zusammen wie der Esel mit den 178 Fischen, die 2012 aufgenommen wurden. Vor dem Wasserbecken der Wasserschildkröten stehen die Aquarien mit kleinen leuchtend gelben Fischen und einigen großen blauen und quietschorangenen Fischen. Auf dem Weg zur Pferdekoppel - ja, auch die gibt es hier, allerdings wohnen dort gerade sechs Hängebauchschweine - begegnet uns Rene Olhöft.

Er betreut die Öffentlichkeitsarbeit des Hamburger Tierschutzvereins und schlägt einen Bogen vom Hundeballett zu Susanne Davids eigentlicher Aufgabe: der artgerechten Hundeerziehung in der Hundeschule des Tierheims. „Wir haben hier die offene Hundeschule, in die jeder Mensch mit seinem Hund kommen kann. Und wir haben die Hundeschule für unsere ‚eigenen' Hunde. Die sollen ja schließlich nicht den ganzen Tag in einem Käfig sitzen und sich langweilen." Susanne David ergänzt: „Unsere Kunden von außen können hier mit ihren Hunden die ganze Bandbreite von Agility über Tricktraining und Dog Dance bis zur offiziellen Gehorsamsprüfung lernen." Diese Gehorsamsprüfung ist in Hamburg die Voraussetzung dafür, dass Hunde von der Anleinpflicht befreit werden können. „Das ist natürlich noch nicht alles", ergänzt die Leiterin der Hundeschule: „Unsere Hundeschule ist von der Stadt Hamburg als geeignete Hundeschule gemäß §15 des Hundegesetzes anerkannt. Diesen Sachkundenachweis benötigt ein Hundebesitzer, wenn er einen sogenannten ‚gefährlichen' Hund sein Eigen nennt."

Tino fühlt sich wohl in der Süderstraße.

Anerkannte Hundeschule

Die Mitarbeiter in der Süderstraße sprechen lieber von „Listenhunden". Die ehemaligen Besitzer der drei angehenden Ballettkünstler Roxy, Kalle und Freia haben es teilweise trotz mehrmaliger Aufforderung nicht geschafft, einen solchen Sachkundenachweis zu erbringen. „Das ist teilweise schon wirklich haarsträubend, mit was für Geschichten wir hier jeden Tag konfrontiert werden", schütteln die beiden Tierheimmitarbeiter den Kopf auf dem Weg vorbei am Hundeteich. Ein rot-weißes Band signalisiert: „Achtung, badender Hund." Damit sich junge Rüden, alte Recken und läufige Hündinnen beim gemeinsamen Herumtollen nicht ins Gehege kommen, haben die unterschiedlichen Gruppen auch separate Auslaufgebiete. Darin sind sie dann allerdings leinenfrei unterwegs. Gemeinsame Freizeit schult nämlich das Sozialverhalten. Auch bei Hunden. „Menschen scheinen sich damit manchmal schwer zu tun", runzelt Susanne David die Stirn: „Da wird einer Frau ihr Staffordshire-Terrier von Amtswegen weggenommen, weil sie keinen Sachkundenachweis hat und in einer Einzimmerwohnung wohnt. Und drei Wochen später steht die doch tatsächlich schon wieder hier und jammert rum, weil ihr der nächste Hund weggenommen wurde. Sie möchten gar nicht wissen, wie die Frau an den Hund gekommen ist..." Verständlich, dass manch einer der Mitarbeiter in der Süderstraße lieber die Hundebesitzer noch mal zurück auf die Schulbank schicken möchte, als die komplette Verantwortung für einen aus dem Ruder gelaufenen Hund einfach an den Hund zu delegieren. Gerade so, wie es der Hamburger Senat mit seinem Hundegesetzt macht. „Das geht nach Schema ‚F': Der Hund steht auf einer Liste, also wird er weggegeben und wir versuchen dann, ihn an liebevolle und verantwortungsbewusste Hundehalter außerhalb Hamburgs zu vermitteln."

Europas zweitgrößtes Tierheim.

Manchmal werden sie nie vermittelt

Manche dieser Listenhunde vermitteln sie schneller. Manche weniger schnell. Wie das Trio, das seit Jahren in der Süderstraße wohnt und mittlerweile am Ende seines wöchentlichen Ballettunterrichts auf einem der vier eingezäunten Hundeplätze angekommen ist. Ana Thu Do ist erschöpft. Kalle auch. Er schmust um ihre Beine und hofft auf ein letztes Leckerli für heute. Kalles große, braue Hundeaugen verfehlen ihre Wirkung nicht. Trotz des noch nicht ganz perfekt beherrschten „Rückwärts einparken". „Naja, wir haben ja noch ein bisschen Zeit", schmunzelt die junge Frau und krault Kalle die braunen Ohren mit der weißen Spitze. Und Susanne David ergänzt: „Vielleicht vermitteln wir Kalle ja demnächst. Das würde ihn freuen". Und Ana Thu Do dürfte dann wieder ganz von vorne anfangen, mit dem Ballettunterricht für den jährlichen Tag der offenen Tür.

„Und plötzlich lag da ein Fellbündel bei uns im Flur."

Hunde aus dem Ausland – eine Alternative zum Hund aus dem Tierheim?

Gretchen liegt auf dem Boden und grunzt! Nach einem anstrengen Nachmittag mit Fliegenjagd und Käfersuche im Garten von Susanne Neugebauer und Wolf-Dieter Greuel hat sie sich diese Auszeit redlich verdient. „Da liegt sie, als könne sie kein Wässerchen trüben", schmunzeln die beiden Eheleute aus dem Hamburger Westen. Alles wie im Bilderbuch. Schöne Haus, großer Garten mit Teich, ein glücklicher Hund. Dabei waren sich die Texterin und der Inhaber einer Werbeagentur eigentlich einig, dass ihr Patenhund Paul, den sie über lange Zeit hinweg mit monatlichen Schecks in einem hessischen Tierheim unterstützt hatten, im Grunde genommen genug Hund für Hamburg sei. „Ein Hund im vierten Stock einer Dreizimmerwohnung, mitten in der Großstadt - das kann ja auf Dauer nichts für einen Hund sein". Ein Hundeleben sozusagen. Wie gut, dass Paul da lediglich eine Art „virtueller" Patenhund war; weit weg, irgendwo in einem Hessischen Tierheim.

Erstmal gab es einen Patenhund in Hessen

„Irgendwann", erinnert sich Susanne Neugebauer, während sie Gretchen streichelt, „irgendwann sind wir aus dem Süden zurückgekommen und haben auf der Rückfahrt einen spontanen Abstecher in Hessen bei Paul im Tierheim gemacht." Mit dem Wunsch, nach einem eigenen „realen" Hund (irgendwie) und dem Ballast der eigenen Wohnsituation im Gepäck (ganz konkret) haben sich die beiden ein Herz gefasst, im Tierheim angerufen und ihren Besuchswunsch kundgetan. „Die haben ganz schön komisch geguckt, als wir dort angekommen sind und ‚unseren' Paul besuchen wollten", weiß Susanne Neugebauer noch heute. Paul war übrigens nicht weniger irritiert, dass sich plötzlich zwei Menschen vor seinem Zwinger im Tierheim wiederfanden, die auch noch mit ihm Gassigehen wollten. „Die Mitarbeiterin im Tierheim hat uns gewarnt, er würde nicht mit jedem mitgehen wollen", berichtet Wolf-Dieter Greuel. „Ich glaube heute, die wollten uns vor einer großen Enttäuschung bewahren." Nun war es an den beiden weitgereisten Hamburgern, irritiert zu schauen. Denn Paul hat sich nicht zweimal bitten lassen und ist ohne weiter darüber nachzudenken sofort mit den beiden Nordlichtern in Richtung der nächsten Wiese losgezottelt. Susanne Neugebauer hält inne und lässt die immerhin schon fast

Gretchen hat sich mittlerweile gut in Hamburg eingelebt.

sechs Jahre alte Erinnerung noch einmal vor ihrem innen Auge vorbeiziehen.

Paul ist an diesem Nachmittag, während des dreistündigen Spaziergangs, nicht einen Zentimeter von der Seite der baldigen Neuhundebesitzer gewichen. „Wir haben gedacht, er spurtet sofort los und genießt seine Freiheit. Aber nein: Paul hat uns angeschaut, als wolle er sagen ‚alles gut - entspannt Euch mal' und hat sich dann zu unseren Füßen in den Schatten gelegt." Das sollte wohl so sein, oder wie es Wolf-Dieter Greuel kurz und bündig umreist: „Wir waren halt zur richtigen Zeit am richtigen Ort!"

Das Haus wurde nach der Größe des Hundes gekauft

Jetzt war da nur noch dieses kleine Problem mit der Wohnung in Hamburg. Drei Zimmer, vierter Stock... Die beiden haben

die Ärmel hochgekrempelt, ein Haus gesucht und gefunden, die Wohnung verkauft, und dann, nach gerade einmal knappen drei Monaten Vorbereitung des „Projektes Hund" konnte Paul mit seinen Adoptiveltern dann in sein neues Zuhause einziehen. Eigentlich! Denn Paul hatte zunächst überhaupt keine Lust, geschlossene Räume zu betreten. „Das Hessische Tierheim hat ihn aus Ungarn geholt und wir vermuteten damals, dass er auf Grund von schlimmen Erlebnissen nicht in der Lage gewesen ist, geschlossene Räume zu betreten", erinnert sich das Ehepaar im Gespräch auf seiner Terrasse. Da galt es, den nach Aussage der beiden „ziemlich dickköpfigen und eigensinnigen" Hund irgendwie zu überzeugen, das Haus zu betreten. „Es war ja Spätsommer, da hatten wir keine Probleme damit, den Hund erstmal draußen zu lassen und nachts mit offener Terrassentür zu schlafen", sagt Susanne Neugebauer. Die offene Tür deshalb, weil die beiden kurzerhand Ihr Schlafzimmer gegen ein Matratzenlager im Wohnzimmer getauscht hatten: Paul sollte die beiden jederzeit sehen und riechen können und so die Angst vor dem ersten Schritt über die Schwelle der Terrassentür überwinden. Aber alle Mühe war umsonst: sogar gut riechende und wohlschmeckende Köstlichkeiten vom Fleischer des Vertrauens konnten den zotteligen, großen Hund nicht dazu ermuntern, das Haus zu betreten. Gegessen hat Paul unter freiem Himmel. Eines Tages geschah, was geschehen musste. Hamburg, eine Stadt, die bekannt war für ihr eigenwilliges Wetter: Regen! Als plötzlich dicke Tropfen vom Himmel pladderten, erinnert sich Susanne Neugebauer, war Paul auf einmal gar nicht mehr ängstlich und ist erst mit einer und dann ganz schnell mit allen vier Pfoten über die Schwelle ins trockene Haus getapst.

Ein Leben ohne Hund ist möglich, aber sinnlos.

Gut fünf Jahre hat der Herdenschutzhund-Mischling, der den deutschen Behörden zuliebe kurzerhand zu einer lammfrommen Leonbergermischung umdeklariert wurde, bei

Susanne Neugebauer und Wolf-Dieter Greuel würden sich jederzeit wieder für einen Hund aus dem Ausland entscheiden.

Neugebauer-Greuels in Hamburg gelebt, bevor er im Alter von zehn Jahren im Frühjahr 2012 verstorben ist. „Uns war klar, dass wir irgendwann wieder einen Hund wollen und dass das nur ein Hund aus dem Tierheim sein kann", sagt Wolf-Dieter Greuel: „Sie wissen ja: Ein Leben ohne Hund ist möglich, aber sinnlos." Über einen Kontakt in besagtem hessischen Tierheim sind sie auf Europas größtes Hunde-Heim in Rumänien aufmerksam geworden, haben ausgiebig im Internet recherchiert und stießen auf Gretchen. „Gretchen wurde bei strömendem Regen unter einer Brücke als Mutter mit neun Welpen gefunden. Aber dank der deutschen Tierärzte vor Ort in Rumänien und der gut organisierten wöchentlichen Transporte mit Hunden bis nach Norddeutschland war es überhaupt kein Problem, Gretchen geimpft, gechipped und mit allen nötigen Papieren ausgestattet am 13. April 2012 in Empfang zu nehmen." Nachts um drei Uhr klingelte es an der Haustür und da saß sie dann. Ein kleines verschüchtertes Fellbündel, das als Erstes sofort sein Revier im Neugebauerschen Hausflur markiert hat. Willkommen zu Hause sozusagen.

Auf die Frage an die beiden engagierten Hundebesitzer, warum es denn kein Hund aus einem der Hamburger Tierheime oder von einem Züchter sein sollte, sondern unbedingt wieder ein Hund von weit her, sind sich beide ohne zu zögern einig mit einer Antwort: „Es gibt so viele arme Hascherlies, die Hilfe brauchen! Da können wir nicht anders, als zu helfen." Wie auf Kommando räkelt sich Gretchen auf den frühsommerlich warmen Steinen und grunzt zufrieden vor sich hin: „Hier will ich bleiben".

Buchtipp

„Paul aus Ungarn - Ein großartiger Tierheimhund", 79 Seiten, Books on Demand, Norderstedt, ISBN 9783839191699

„Mama, ich möchte einen Hund!" Mit großen, kullerrunden Augen wird die Bitte vorgetragen. Der Familienrat - bestehend aus Mama und Papa - tagt und schließlich versprechen die beiden, der Bitte „Mama, ich möchte einen Hund" nachzukommen. Und damit fangen die Herausforderungen ja auch schon an. Nein, nicht die ganzen Kosten, das organisatorische „Kleinklein", Versicherungen, Chippen, Tierarztsuche ...

Die alles entscheidende - und nicht nur vom Geldbeutel, sondern auch von der eigenen Einstellung mitbestimmte - Frage am Anfang dieses wunderbaren Projektes „Hund" ist: Kauf beim Züchter oder der Weg ins Tierheim? Ja, die Einen würden sich niemals auf die andere Variante einlassen. Einmal vom Züchter gekauft, immer beim Züchter gekauft. Einmal im Tierheim Süderstraße im Hamburger Süden gewesen, immer wieder dort hingefahren. Der Hamburger Hundebesitzer Wolf-Dieter Greuel hat es treffend benannt: „Hinter jedem Hunde-Elend steckt auch ein Menschen-Elend." Ohne allzu philosophisch werden zu wollen, können wir das nur bestätigen. Und die „armen Hascherlies", die sicherlich nicht nur Wolf-Dieter Greuel berühren, sind es mit ihren oftmals haarsträubenden Lebensläufen mehr als wert, beim Erwerb eines Hundes in Betracht gezogen zu werden. Seine Ehefrau hat die gemeinsamen Erfahrungen mit einem Hund aus dem Tierheim - und dann auch noch aus einem ausländischen Tierheim - wunderbar anrührend und mit feiner Ironie zu Papier gebracht. „Paul aus Ungarn - Ein großartiger Tierheimhund" von Susanne Neugebauer ist ein kurzweiliges und lustig geschriebenes Plädoyer für Tierheimhunde und für Paul, „einen klugen, mutigen Hund, der anfangs oftmals über seinen Schatten springen musste in einer Menschenwelt, die er erst mit fünf Jahren kennengelernt hat. Und alles, was er dafür ‚verlangte', war ein schönes Zuhause, mit Menschen die ihn lieben."

Die Sache mit den Hunden in Süd-Osteuropa

Der Tierschutzverein Bruno Pet e.V. rettet rumänische Straßenhunde

Am Anfang waren es berufliche Stopps von Karina Handwerker in der rumänischen Provinz, genauer in der 40.000-Seelen-Stadt Miercurea Ciuc, einer Stadt im östlichen Teil der Region Siebenbürgen, mitten im Ciuc-Becken zwischen dem vulkanischen Harghita-Gebirge und dem Ciuc-Gebirge. Zwar ist das nach hiesiger Meinung ziemlich „jwd" und klingt nach einem unberührten, friedlichen Landstrich, aber dort gibt es – wie überall in Rumänien – ein großes Problem mit Straßenhunden. Die rumänische Stiftung „Fundatia Pro Animalia" errichtete dort 2001 zwar ein Tierheim, aber die Auffangstation der Fundatia leidet - wie die meisten „Tierheime" Rumäniens - an extremer Überfüllung, finanzieller Not und einem Mangel an Personal. Tierschutz ist nach europäischen Maßstäben eine heikle Angelegenheit.

Karina Handwerker hatte damals, kurz nach der Jahrtausendwende, von diesen Problemen erfahren. Die Essenerin packte selbst mit an. Zwei Mal transportierte sie privat Hunde aus dem Tierheim nach Deutschland. Das war die Initialzündung, um sich dem Verein Freundeskreis Bruno Pet e. V. anzuschließen. Sie ist heute ein aktives Vorstandsmitglied des Vereins Freundeskreis Bruno Pet e.V. und hat selbst 2 Hunde aus dem Tierheim in Miercurea Ciuc, die sie nicht mehr missen will. Der Verein ist ein Beispiel dafür, wie Tierschutzinteressierte zu Aktiven werden können und wie im Kleinen große Hilfen gegeben werden können. Der Verein sammelt Spenden, unterstützt das rumänische Tierheim, finanziert vor Ort Mitarbeiter des Tierheims, die sich vor allem um den Aufbau von sinnvollen Strukturen kümmern. Sinnvolle Strukturen aufbauen, so Karina Handwerker, heißt: die Tierarztpraxis des Tierheims bei Kastrationen wie auch Kastrationsaktionen des Tierärztepools (www.tieraerzte-pool.de) zu unterstützen. Das ändert die Lage nicht sofort, ist aber auf eine strukturelle Veränderung angelegt: Wenn sich die Tiere nicht mehr frei vermehren, wird irgendwann die Zahl der Straßenhunde abnehmen und die Notsituation des überfüllten Tierheims aufhören. Durch den Freundeskreis Bruno Pet e.V. werden aber auch Trockenfutter, Impfungen und Medikamente sowie das Markieren der Hunde finanziert.

Neuestes Projekt ist eine eigene Welpenstation, für die der Verein eine Mitarbeiterin finanziert. Die kümmert sich den ganzen Tag um die kleinsten Fellnasen, knuddelt sie auch mal und achtet auf die Ernährung. Mehr Welpen überleben seitdem, was gut ist – gleichzeitig aber auch den Druck vor Ort erhöht. Die Vermittlung der Tiere im In- und Ausland und die Aufklärung über Kastrationsaktionen, auch und vor allem für Hunde in privaten Haushalten in Mircurea Ciuc,

Straßenhunde werden in Rumänien systematisch getötet.

spielt deshalb eine ganz wichtige Rolle. Nur dadurch kann das überfüllte Tierheim dauerhaft entlastet werden.

Die Arbeit des Vereins findet derzeit vor einem dramatischem Hintergrund statt. Seit einiger Zeit herrscht in Rumänien ein kalter Wind im Tierschutz. Straßenhunde werden, aus verschiedenen Anlässen heraus, immer systematischer und grausamer getötet. Für den Tierschutz einzustehen ist da nicht ganz einfach. Eine Hilfsmaßnahme sind die Vermittlungen – auch nach Deutschland. Aber auch hier schlagen sich die Aktiven von Bruno Pet mit Querelen. Wer Tiere, auch Haustiere, in Europa transportieren will, braucht Unmengen an Papieren, das Okay der Veterinärärzte, muss Nachweise erbringen etc. Tierschutz in Europa wird hier zum Hürdenlauf und findet vor kulturell unterschiedlichen Hintergründen statt.

Doch Karina Handwerker und ihre Mitstreiterinnen sind sich einig, dass das Engagement lohnt. Viele hundert Tiere werden durch ihre Unterstützung jährlich kastriert,

das Tierheim in „ihrem" Ort hebt sich weit ab von den normalen rumänischen Tierheimen. Karina Handwerker meint: „Tierschutzarbeit in Europa sollte, wie jede andere Arbeit auch, daran gemessen werden, wie wirkungsvoll der geleistete Einsatz ist und wenn wir Europa als eine Gemeinschaft verstehen, dann sollte auch Hilfe und Unterstützung für diejenigen dazugehören, die sich am wenigsten wehren können und als bester Freund des Menschen unsere Hilfe mehr als verdient haben."

Freundeskreis Bruno Pet e.V.

Hessenring 20
64832 Babenhausen
Web: www.freundeskreis-bp.de

Spendenkonto:
Freundeskreis Bruno-Pet
Sparkasse Merzig-Wadern
BLZ: 59351040
Konto: 7105208

Kleiner Hund für großes Geld

Züchter oder Wühltisch: Wo kauft man seinen Welpen am Sichersten?

Hunde können ziemlich teuer sein. Ein großer Rassehund kann bis zu 2000 Euro kosten. Lohnt es sich, so viel Geld für den besten Freund des Menschen auszugeben oder „reicht es", wenn der Hund lediglich vom „Wühltisch" oder einem ominösen Züchter aus Osteuropa kommt? Wir haben mit Patricia Schnoor und Jennifer Wolff vom „Parson Jack Russel Terrier Club of Germany e. V." (PJRTCG e. V.) gesprochen. Der Club wurde 1996 gegründet.

Weshalb sollte man Hunde vom Züchter kaufen, auch wenn sie um einiges teurer sind als Welpen ohne Papiere eines seriösen Zuchtverbandes? Zahlt sich das aus?

„Mit dieser Frage schlägt sich jeder zukünftige Welpenkäufer einmal herum. Die Preisunterschiede sind ja zum Teil immens. Doch auch bei Hunden gilt: Qualität hat ihren Preis und auch wenn es uns Züchtern manchmal ‚vorgeworfen' wird: Wir verdienen uns an der Zucht wahrlich keine ‚goldene Nase'. Dies hat viele Gründe: Unsere Hunde, die zur Zucht zugelassen sind, wurden nicht nur auf ihre äußerliche Erscheinung (jeweiliger Rassestandard), ihr Wesen und auf zahlreiche Erberkrankungen hin getestet. Sie werden ebenso regelmäßig gesundheitlich durchgecheckt, bekommen hochwertige Nahrung und werden artgerecht beschäftigt und ausgelastet um Verhaltensstörungen vorzubeugen. dazu kommen auch noch Showbesuche mit zum Teil sehr weiten Anfahrten. Dies alles, kostet nicht nur Geld, sondern auch Zeit.

Auch die Welpen werden mehrmals am Tag gesäubert und gefüttert, wollen altersgemäß beschäftigt werden, denn schließlich soll der Welpenkäufer an einem (erb-)gesunden, geimpften, gechipten und bestmöglich geprägten Welpen viel Freude haben. Würde man eine Art Stundenlohn für den Züchter berechnen, wäre ein Welpe kaum noch bezahlbar. Zentral sind jedoch die Gesundheitsuntersuchungen und die sorgfältige Dokumentation von Erberkrankungen, die auch bei gut durchdachten Verpaarungen leider evtl. auftreten können. Nehmen wir als Beispiel einmal die ‚Patellaluxation', die gerne bei kleinen Rassen auftritt. Achtet man einmal gezielt darauf, wie viele kleine Hunde phasenweise auf drei Beinen hüpfen, ist man wirklich entsetzt: Dies ist jedoch eine Erkrankung, die sich durch Untersuchungen der Elterntiere vor der Zucht so gut als möglich vermeiden lässt. In unserem Verein werden nur Elterntiere mit Pa-

Terrier sehen auch im Alter niedlich aus.

tella Grad 0 zur Zucht zugelassen, das bedeutet, dass bei beiden Anpaarungspartnern die Kniescheibe nicht beweglich, luxierbar, ist. Für einen gesunden Bewegungsapparat ist dies unerlässlich, denn Parson Jack Russell Terrier sind Sportskanonen und brauchen dafür einen belastbaren Körperbau. Eine Operation würde in diesem Fall zwischen 500 und 1000 Euro kosten, ganz abgesehen von den monatelangen Reha-Maßnahmen.

Dies ist nur ein Beispiel von erblich bedingten Erkrankungen. Ein gravierenderes ist die Partielle Linsenluxation – bei dieser erblindet der Hund. Nachdem diese Erkrankung aber durch einen Gentest

ausgeschlossen werden kann, ist er für unsere Züchter Pflicht. Die Kosten für diesen und weitere Tests müssen wir in irgendeiner Form auf unseren Welpenpreis umlegen. Ein höherer Welpenpreis zahlt sich aber in den allermeisten Fällen durch gesunde Tiere aus."

Woran erkennt man einen guten Züchter?

„Das ist eine schwierige Frage, das gebe ich zu. Es gibt gewisse Grundregeln, die man beim Züchter beachten sollte: Sind die dort lebenden Tiere scheu oder freundlich? Können Sie das Muttertier sehen und sich von der Gesundheit der Hunde überzeugen? Wenn der Vater im selben Haushalt lebt, dürfen Sie ihn dann auch sehen? Wachsen die Welpen mitten im Haushalt auf oder werden sie in draußen isoliert in Zwingern gehalten? Diesen Punkt vergisst man oft, aber es ist für Welpen von enormer Bedeutung für ihre Entwicklung und ihr späteres Leben, unter welchen Reizen sie aufgewachsen sind. Welpen, bei denen viel los ist in der Prägungsphase, bei denen aber gleichzeitig darauf geachtet wird, dass sie ihre regelmäßigen Ruhephasen bekommen, sind im späteren Leben belastbarer, weniger gestresst und somit leichter zu erziehen.

Wenn Gesundheitsuntersuchungen bei den Elterntieren gemacht werden, sollten diese für den zukünftigen Welpenkäufer einsehbar und nachvollziehbar sein. Der Züchter sollte in der Lage sein, Ihnen alle Fragen zu beantworten und niemals genervt sein, egal wie ‚dumm' die Fragen auch sein mögen. Im Idealfall dürfen sie vor Übergabe ‚Ihren' Welpen bereits mehrmals besuchen. Die Welpen sollten auf jeden Fall bei Abgabe durch einen Chip gekennzeichnet worden sein, altersgerecht geimpft und mehrmals entwurmt sein. Außerdem sollte der Züchter hochwertiges Futter mitgeben, damit der Welpe in der ersten Zeit keine Futterumstellungsprobleme hat. Und natürlich sollten die Welpen mit Papieren abgegeben werden, in der nicht nur Name und Chip, Geburtsdatum etc., sondern auch die ersten 5 Generationen verzeichnet sind, um eine (spätere) Inzucht zum Beispiel auszuschließen bzw. zu vermeiden."

Kann man die Papiere eines Züchters eigentlich überprüfen?

„Natürlich kann man das. Heutzutage lässt sich ja im Internet alles herausfinden. Die Papiere eines Züchters sind meistens im Namen eines Rassehundevereines ausgestellt worden. Dies steht irgendwo vermerkt. Bei uns ist dies zum Beispiel der ‚Parson Jack Russell Terrier Club of Germany'. Wenn man diesen also in eine Suchmaschine eingeben würde, so käme man natürlich auf unsere Vereinshomepage. Dort erfährt der interessierte Welpenkäufer vieles über die Rasse, Abstammung und Gesundheit der Tiere sowie auch die Zuchtordnung, die jeder angeschlossene Züchter einzuhalten hat. Hat man Schwierigkeiten den Verein überhaupt zu finden, so sollte man die Finger davon lassen.

Bei uns im Verein wird die Abstammung auf fünf Generationen angegeben und das Ergebnis der Wurfabnahme, aus der der Hund stammt miterfasst. So kann der Welpenkäufer sich informieren, ob es bei den Geschwistern evtl. Erkrankungen gab. Dies hat etwas mit Ehrlichkeit des Züchters zu tun, denn auch bei sorgfältigster Planung, und hier wiederhole ich mich, können leider Erbfehler auftreten. Hier ist die Natur dann einfach immer noch bestimmende Kraft, auch wenn wir vieles vorher bedenken und beachten.

Ferner haben Sie die Gewissheit, dass die Welpen nicht nur vom Tierarzt, sondern auch von einem Zuchtwart begutachtet worden sind, der die Rasse genauestens kennt."

Ein guter Züchter hat keine Geheimnisse und lässt sich hinter die Kulissen schauen.

Welpen von Billigzüchtern aus Osteuropa sind natürlich tabu. Aber wie sieht es mit „Privatzüchtern" aus?

„Unter den Privatzüchtern gibt es weiße und schwarze Schafe. Einige ziehen ihre Welpen auch ohne Papiere gewissenhaft auf und kümmern sich mit Herz und Seele darum.

Aber bei Hunden ohne Ahnentafel weiß man z.B. auch nie, ob diese nicht doch enger verwandt sind, evtl. sogar Bruder und Schwester?

Oft fehlen dort auch wichtige Informationen z.B. bzgl. neuer Gesundheitsteste u. ä., diese Informationen reicht der Verein an seine Mitglieder weiter. Kauft man einen Hund aus einem etablierten Verein, so hat man die Gewissheit, dass man auch nach dem Kauf noch ausgiebig beraten wird, eventuell sogar Kontakt zu anderen Züchtern bekommt und so ein Hundeleben lang Ansprechpartner für den geliebten Vierbeiner hat. Dies gilt auch für alle Züchter, die bei uns im Verein Mitglied sind: Hier gibt es keine Tabus. Jeder hilft Jedem und auch wenn es Probleme gibt, werden Meinungen gesammelt und man berät sich. So ist es möglich, das beste Ergebnis für die Hunde zu erzielen. Der Verein steht auch den Welpenkäufern mit Rat und Tat später zur Seite."

Worauf muss ich beim Welpen achten?

„Vieles habe ich ja schon erwähnt. Die Zuchtstätte sollte sauber und im Haus sein. Die Welpen sollten fröhlich sein und gesund aussehen (Fell, Nasen, Augen sind gute Indikatoren). Ein Welpe sollte immer geimpft, gechipt und mehrfach(!) entwurmt worden sein. Wichtig ist auch, dass der gesamte Wurf von einem Tierarzt begutachtet wurde und dass dieser keine Beanstandungen hat."

PJRTCG e.V.

Heinrich-Osterath-Str.305
21037 Hamburg
Patrizia Schnoor, 1. Vorsitzende
Tel.: 040 - 7373 914, Fax: 040 - 7371 7891
Mail: PJRTCGeV@aol.com
Web: www.pjrt.info

„Drum prüfe, wer sich ewig bindet..."

Eine Checkliste mit zehn Punkten für „vor dem Hund"

Herzlichen Glückwunsch! Sie haben sich nach reiflicher Überlegung dazu entschlossen, sich einen Hund anzuschaffen. Aber haben Sie wirklich in Ruhe und nach Abwägung aller Pros und Kontras abschließend noch einmal darüber nachgedacht, ob ein Hund für Sie wirklich das Richtige ist? Ein Hund ist keine Sache, die man beliebig umtauschen oder gar abschaffen kann. Denken Sie daran: Große und temperamentvolle Hunde brauchen viel Raum, Auslauf und Bewegung im Freien. Und fallen Sie bitte nicht auf unseriöse Hundehändler herein, die mit verlockenden Inseraten und wohlklingenden Namen und Ahnentafeln locken.

FRED & OTTO hat für Sie in Zusammenarbeit mit dem „Hamburger Tierschutzverein von 1841 e. V." eine Checkliste zusammengestellt:

1. Ist Ihr Vermieter bzw. Ihr Hauswirt einverstanden?
2. Wünschen sich alle Familienmitglieder einen Hund?
3. Wer sorgt für den Hund?
4. Ist sichergestellt, dass der Hund vier Mal am Tag insgesamt mindestens zwei Stunden Auslauf bekommt?
5. Sind Sie sicher, dass gelegentliches Bellen niemanden stört?
6. Wissen Sie, dass Sie mit der Anschaffung eines Hundes eine große Verantwortung für viele Jahre übernehmen?
7. Denken Sie daran: Ein Hund kann bis zu 15 Jahre alt werden. So lange lebt er in Ihrer Familie und braucht Tag für Tag Pflege und Auslauf.
8. Stören Sie sich an Hundehaaren und Straßenschmutz in der Wohnung? Wie sieht es mit Buddeln im Garten aus?
9. Ein Hund ist teuer! Futter, Hundesteuer, Tierarzt, Haftpflichtversicherung, evtl. Unterbringung in einer Tierpension?
10. Sind Sie bereit, mit dem Hund in die Ferien zu fahren?

Werbung

Pudelzucht:
Klein- & Großpudel
black and tan & apricot
PZV & VDH & FCI

Gerne frühzeitiges Kennenlernen
http://dark-beauty.npage.de

Hundesalon:
alle Rassen und Mixe
&
Katzen

Termine nach Vereinbarung
http://tzar-creative.npage.de

Kerstin Klimaschewski
Oststeinbeker Weg 122
22117 Hamburg

k.klima@t-online.de

040
38 67 49 84

BVZ HUNDETRAINER
Berufsverband zertifizierter Hundetrainer e.V.

BVZ-Hundetrainer – der Verband zertifizierter Hundetrainer

Wir kommen aus vielen Richtungen, haben aber ein gemeinsames Ziel: Hunden und ihren Menschen mit unserem fundierten Wissen engagiert und Ziel führend zur Seite zu stehen.

Wer wir sind
Bei uns ist jeder willkommen – solange er/sie die fachliche Kompetenz vor einer der beiden Prüfungskommissionen der Tierärztekammern Schleswig-Holstein oder Niedersachsen erfolgreich nachgewiesen hat. Diese Prüfung ist an keinen Verband und an keine Methode, an keine Meinung und an keine Mode gebunden, sondern besteht einzig und allein auf den Nachweis umfangreichen theoretischen und praktischen Wissens rund um den Hund.

Was wir wollen
Unser Ziel ist es, das Berufsbild des Hundetrainers zu etablieren und dabei sicherzustellen, dass Menschen in diesem anspruchsvollen Beruf die dafür notwendigen fachlichen Voraussetzungen mitbringen.

Wie wir arbeiten
Wir arbeiten fachlich kompetent und zielorientiert. Wir beraten und trainieren individuell – angepasst an den Hund, an den Halter, an das Problem.

FACHLICH KOMPETENT   UNABHÄNGIG   ZIELORIENTIERT   BUNDESWEIT

www.bvz-hundetrainer.de

Tierheimhelden!
Ein Start-Up vernetzt die Tierheime und hilft bei der Vermittlung

Daniel Medding, einer der Gründer von www.tierheimhelden.de, ist sich sicher: Tiere aus Tierheimen sind alles andere als Vierbeiner 2. Klasse. Für ihn und seine Mitstreiter von www.tierheimhelden.de war klar, dass sie sich eine große Aufgabe vorgenommen hatten. Tiere aus dem Tierheim sollen erste Wahl für Tiersuchende werden. Deshalb vernetzt das soziale und gemeinnützige Projekt Tierheimhelden.de über seine Website bundesweit Tierheime und Tiersuchende und vereinfacht die Tiersuche damit erheblich. So ist die breitgefächerte Suche nach dem Wunschtier anhand detaillierter Eigenschaften genauso möglich wie der virtuelle Rundgang durch die digitalen Profile der Schützlinge in den Partnertierheimen. Tierheimhelden können außerdem durch direkte Spenden, Patenschaften oder einfach das Teilen der Tierprofile im sozialen Web helfen.

Die Tierheimhelden

Tierheimhelden

Daniel Medding
Mobil: 0176/21140756
daniel@tierheimhelden.de
www.tierheimhelden.de

Unterstützen Sie Tierheimhelden durch ein „Gefällt mir" auf der Facebookseite:
www.facebook.com/tierheimhelden
www.tierheimhelden.de

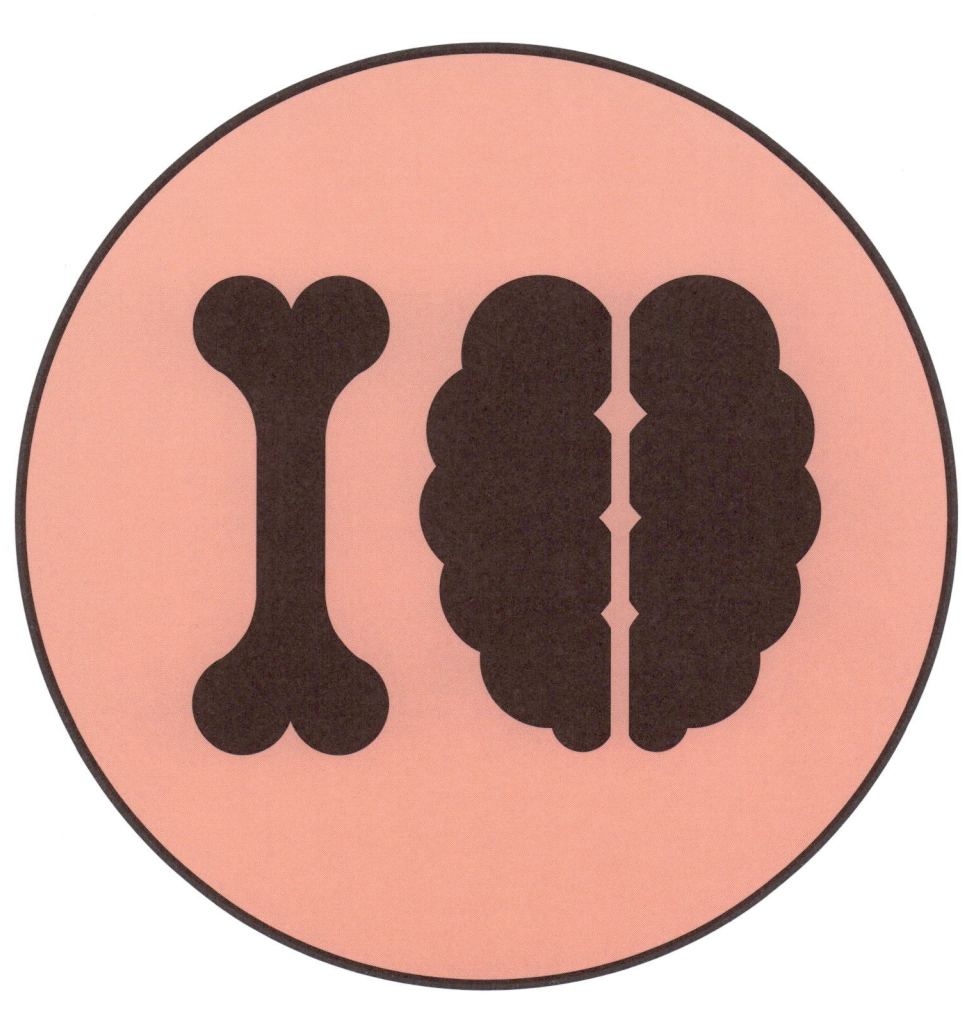

Futter & Philosophie

Selbstverständlich sind die Geschmäcker unterschiedlich und natürlich kann man über die richtige Ernährung bei Hunden stundenlang diskutieren. Nassfutter? Trockenfutter? Discounter oder Frischfleisch vom Schlachter? Futter ist immer auch eine Frage der eigenen Lebensphilosophie. Das haben wir in den vielen Gesprächen gemerkt, die wir geführt haben. In diesem Kapitel wollen wir ein paar Entscheidungshilfen geben, beleuchten die Futtermittelindustrie und haben einen Hundeschlachter besucht.

„Gefundenes Fressen"
Ein Besuch auf dem Fleischgroßmarkt

„In vier Wochen sollte sich ein Hund einmal durch eine Kuh gefressen haben." Der Mann, der das sagt, steht früh morgens um kurz nach sieben am Eingang einer der vielen Hallen auf dem Hamburger Fleischgroßmarkt. Mittendrin, zwischen Schanze und Karolinenviertel, den vegetarischen und veganen Hochburgen der Stadt, dreht sich hinter den hohen, blauen Toren alles um Lämmer, Rinder, Schweine und auch um Hundefutter. Während müde Menschen über den Bürgersteig schlurfen, um frische Brötchen oder die Tageszeitung zu holen und Erikas Eck die letzten Nachtschwärmer ausspuckt, herrscht auf dem Fleischgroßmarkt bereits geschäftiges Treiben. Joachim Meyer ist um diese Zeit schon voll in seinem Element. Der Mann mit der markanten schwarzen Augenklappe stellt Hundefutter her. Ökologisch korrekt. Getrocknet oder gefrostet. Und nicht von irgendwo her: BE-GA Fleisch, so heißt seine Firma, verarbeitet nur Produkte von niedersächsischen und schleswig-holsteinischen Schlachthöfen, sowie von Jägern aus dem Hamburger Umland.

Hochwertige Produkte aus Niedersachsen und Schleswig-Holstein

„Das", so Joachim Meyer, bevor er einen Einblick hinter die Kulissen seines Betriebes gewährt, „hat den Vorteil, dass wir unsere Lieferanten alle persönlich kennen und dass wir nicht auf diese langen und qualvollen Tiertransporte angewiesen sind." Bei BE-GA Fleisch wird auch auf eine saisonale Produktpalette Wert gelegt. „Es muss ja auch nicht das ganze Jahr hindurch Wild angeboten werden." Während er das sagt, eilt er schon eine Eisentreppe in den ersten Stock seines Firmengebäudes hinauf. „Sie glauben ja gar nicht, was in Deutschland so alles ins Hundefutter gemischt werden darf", ruft er über die Schulter zurück. „Das ist eine echte..." Hier folgt ein kräftiges Schimpfwort. Am oberen Ende der Treppe angekommen, links

Rinderohren. Riechen streng, schmecken gut.

Nur reine Ware: Nix drin, was nicht draufsteht.

herum, dann durch zwei weitere Türen und noch einmal ein paar Stufen rauf und wieder runter empfängt einen ein eigenwilliger Geruch. „Atmen Sie einfach flach durch den Mund", sagt Joachim Meyer. Er erklärt, was hier riecht: Rinderlunge und Schweineohren, die gerade getrocknet werden. „Das funktioniert mitten in Hamburg so, wie es die Nomaden in der Wüste machen", erklärt er: „Fleisch muss langsam trocknen. Nur dann entsteht am Ende ein gutes Produkt, das nicht bei Ihnen zu Hause im Schrank anfängt zu schimmeln. Drei bis vier Tage lang lassen wir das, was später zu Trockenprodukten und Leckerlies wird, hier trocknen. Dann erhöhen wir die Temperatur für fünf Tage auf gut 90 Grad Kerntemperatur." Nur so kann das Wasser schonend aus den zu trocknenden Ohren und Lungen entweichen. Während Joachim Meyer flinken Schrittes in Richtung Kühlkammer geht, erzählt er, dass von 1,1 Tonnen Pansen nach diesem aufwendigen Trocknungsprozess gerade einmal 180 Kilogramm getrocknete Ware übrig bleibt. Der Vorteil für den Hundebesitzer ist, dass diese Leckerlies im Vergleich zu industriell und schnell getrockneten Produkten später relativ geruchsarm sind. Er greift in eine Kiste mit Lammohren. „Sie erkennen hochwertige Trockenprodukte daran, dass Sie diese ganz leicht durchbrechen können, die Produkte aber nicht bröseln." Genau darum geht es Joachim Meyer und seinem Team seit vielen Jahren: hochwertige Tiernahrung zu produzieren.

Wie die Nomaden in der Wüste

Neben Trockenprodukten wird hier auch zum Barfen geeignetes rohes und gebrühtes Futter hergestellt. Das wird frisch

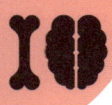

zubereitet und dann bei Minus 18 Grad eingefroren. Und auch hier setzt der Futterspezialist ausschließlich auf Qualität: „Nehmen Sie mal den Pansen dahinten: Der wird bereits bei unserem Lieferanten gewässert und geschleudert, denn nur so bekommen Sie den Geruch und den Geschmack von Jauche raus." Es gibt in ganz Norddeutschland genau einen einzigen Betrieb, von dem Joachim Meyer den bei ihm verarbeiteten Pansen bezieht. Auch hier bestehen langjährige, persönliche Geschäftskontakte. „Meine Kunden vertrauen mir, dass sie hier nur erstklassige Ware bekommen. Und ich vertraue meinen Lieferanten. So einfach ist das." Bei vielen anderen läuft das ganz anders: Der Trockenpansen einer großen Hundefutterkette kommt zum Beispiel vom indischen Wasserbüffel. „Der wird", so Meyer, „nur auf Kerntemperatur getrocknet und dann chemisch behandelt, um den Seeweg nach Deutschland zu überstehen. Das ist bei dem Konkurrenzkampf in der Futtermittelbranche kein Wunder."

Im Hintergrund fischt gerade ein Mitarbeiter Pferdeluftröhren aus einem großen, dampfenden Bottich. Gut 80 Zentimeter lang, mit dem Durchmesser einer kleinen Untertasse, während er erklärt, wie der Pansen dann weiterverarbeitet wird: „Den Pansen hängen wir dann für mindestens 24 Stunden im Kühlraum auf, um ihm die Feuchtigkeit zu entziehen." Bei weniger hochwertig gefertigter Ware kann es beim Auftauen schon einmal passieren, dass bis zu dreißig Prozent Wasser austreten. Bei Joachim Meyers Produkten ist das nicht der Fall. Das sagt nicht er selbst, sondern seine Kunden. Ganz gleich ob es die Besitzerin von Peggy aus dem Frisiersalon in der Parallelstraße ist oder die Chefin des Hundegeschäftes gleich ums Eck. Wo man hinhört, schwören Hamburger Hundebesitzer auf die Qualität von Joachim Meyers Produkten. „Wichtig ist ja beim Barfen, dass zwei Dinge beachtet werden: Der Säuregehalt, der im Pansen auftritt, muss durch Kalzium neutralisiert werden. Und den hohen Proteingehalt von Frischfleisch reduzieren Sie durch die Beigabe von gebrühtem oder püriertem Gemüse auf das richtige Maß", erklärt der dreifache Hundebesitzer. „Wenn Sie zu so einer Fleischmahlzeit also gebrühte und pürierte Karotten mit zugeben, sorgen Sie auch automatisch für einen ausgeglichenen Vitaminhaushalt bei Ihrem Hund."

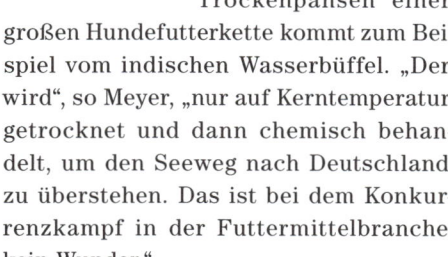

Frisches Fleisch für hungrige Hunde.

BE-GA Fleisch

Fleischgroßmarkt Hamburg
Lagerstraße 17
20357 Hamburg
Joachim Meyer
Tel.: 040 - 435 283
Fax: 040 - 430 3424
Mail: info@bega-fleisch.de
Web: www.BEGA-Fleisch.de

Werbung

Dies ist „Mister Marlo" kurz „Mister Mo"

Wir lieben unseren Hund „Mister Mo" über alles und wissen, wie sehr Sie Ihren Hund lieben. Dies ist der Grund, warum wir beschlossen haben ein Hundefutter zu kreieren, das unsere Hunde wirklich verdienen.

      Hergestellt in einer Gourmet-Fleischerei   

100% natürliches Nassfutter in Lebensmittelqualität - www.mister-mo.de

Verkauft wird auf dem Markt und übers Internet

Zu kaufen gibt's das alles übrigens nicht nur im Internetshop, sondern auch jeden Samstagvormittag auf dem Wochenmarkt in der Großen Bergstraße in Altona, direkt vor der Haspa-Filiale. Und das mittlerweile auch schon seit mehr als 16 Jahren. „Sie können natürlich auch direkt hier auf dem Großmarkt bei uns einkaufen", verrät Joachim Meyer zum Schluss des Rundgangs. Gegenüber von der Produktion betreibt er seinen Lagerverkauf. Vollkommen „geruchsneutral" werden hier montags bis freitags zwischen 9 und 14 Uhr gefrostete und getrocknete Spezialitäten für Hunde verkauft.

Weniger Fleisch ist mehr.
Ein Tiernahrungshersteller will unsere Hunde zu „nachhaltigen" Konsumenten machen

Den meisten Hunden im Test hat Flexidog bisher sehr gut geschmeckt

Aus welchem Grund auch immer – die Zahl der Hundehalter, die sich selbst fleischlos ernähren oder zumindest öfter auf Fleisch verzichten, wird größer. Neben Vegetariern und Veganern gibt es immer mehr „Flexitarier". So nennt man Menschen, die auf Fleisch nicht ganz verzichten wollen, aber ihren Fleischkonsum nach dem Motto „Weniger, dafür besser" auf ein Maß zurückfahren, das für die Umwelt und die eigene Gesundheit zuträglicher ist und auch ein Zeichen gegen die Auswüchse der Massentierhaltung setzen will.

Erfolgreicher Futtertest

Aber der Hund? Begleitet er Herrchen oder Frauchen auf diesem Weg? Ein mittelständischer deutscher Tiernahrungshersteller will es Hundebesitzern jetzt erleichtern, ihre Lieblinge von einem nachhaltigeren Lebensstil zu überzeugen. Basierend auf wissenschaftlichen Erkenntnissen, die dem Hund bescheinigen, längst zum Allesfresser geworden zu sein, der pflanzliche Energie genauso gut verwerten kann wie tierische, entwickelte „Foodforplanet" mehrere Sorten Trockenfutter mit einem deutlich höheren Anteil pflanzlicher Nahrungsbestandteile. Das ganze Programm läuft unter der Marke „Green Petfood", die erste Produktserie nennt sich „Flexidog". So hat „Flexidog 85" nur 15 % tierische Anteile im Futter. Es soll sich für ausgewachsene Hunde der größeren Rassen als Alleinfuttermittel eignen. Ein Test mit über hundert Hunden hat gezeigt, dass die allermeisten Hunde das Futter nicht nur akzeptieren, sondern sehr gern fressen und gut vertragen. Die Ergebnisse der Testaktion sind auf der Website www.hundkeinwolf.de dokumentiert.

Wachsenden Hunden und kleineren agilen Rassen, die mehr Protein benötigen, wird „Flexidog70" angeboten, das zu 70 Prozent pflanzliche Nahrung enthält. Aber Klaus Wagner, der verantwortliche Produktmanager beim Hersteller von „Flexidog", will bei der Reduktion des Fleischanteils noch weitergehen. „Die Herstellung tierischer Nahrungsmittel ist aufwendig und in gewisser Weise auch ineffizient", so Wagner. Für eine Nahrungskalorie aus Fleisch muss ein Vielfaches an pflanzlichem Energieinput aufgewendet werden, darauf weisen Umweltverbände wie der WWF schon seit Jahren hin. Allmählich scheint das in den Köpfen anzukommen.

Im Bund mit der Evolution

Evolutionär sind Mensch und Hund gut darauf vorbereitet, eine immer größer werdende Weltbevölkerung dauerhaft zu ernähren. Beide sind Allesfresser, der Mensch war es schon seit jeher, der Hund hat es in den letzten 20.000 Jahren in Gemeinschaft des Menschen gelernt. Hunde sind heute vom Wolf, von dem sie abstammen, in Bezug auf das Verdauungssystem, aber auch bei Hirnfunktionen und im Nervensystem durchaus verschieden. Zwar hält sich der Mythos vom Wolf im Hund so hartnäckig, wie es eine Zeitlang auch gängig war, vom Menschen als dem „nackten Affen" zu sprechen. Aber die Macher von „Flexidog" setzen darauf, dass es vor allem in städtischen Lebenswelten genügend Hundehalter gibt, die ein moderneres Bild vom Hund haben. Damit hat der

Als professioneller Tierernährer spricht sich Klaus Wagner für ein fleischärmeres Hundefutter aus

„Flexidog"-Hersteller anscheinend eine Zielgruppe im Auge, die Genuss, Gesundheit und Umwelt auch im täglichen Konsum unter einen Hut bringen möchte. Hundehalter, die dieser Zielgruppe angehören, kann man davon überzeugen, dass Trockenfutter allein schon wegen des Verpackungsaufwands eine bessere Ökobilanz hat als Nassfutter – wenn das angebotene Trockenfutter qualitativ hochwertig ist und die Inhaltsstoffe transparent sind. Gentechnikfrei ist ein Muss. Bei der Erklärung der Futterzusammensetzung, so die Erfahrung von Klaus Wagner, sind die „Flexidog"-Kunden besonders interessiert und kritisch. Deshalb bekommen sie mit der ersten Lieferung auch eine Broschüre zur Produkttransparenz an die Hand. „Alle paar Wochen nehmen wir in diese Liste weitere Punkte mit auf", berichtet Wagner, „um unsere Kunden auf dem Weg zur nachhaltigen Hundeernährung zu unterstützen".

„Nur reine Ware..."

Bei der Frage, was der Hund fressen soll, scheiden sich die Geister

Was soll man füttern?

Einmal mit offenen Augen durch den Supermarkt und das Tierfachgeschäft gelaufen und festgestellt: Hundefutter gibt es wie Sand am Meer. Immer wieder füllen neue Geschmacksrichtungen die Regale in den Geschäften. Mittlerweile wird der Hund in der Werbung sogar zum Gourmet- oder gar Biofleisch Liebhaber stilisiert. Passend zum Lifestyle von Herrchen und Frauchen. Neben Discountern, Drogerie- und Baumärkten strömen auch immer mehr regionale Anbieter auf den Markt, die das Geschäft mit hochpreisigem „Bio-" oder „Ökofutter" aufmischen wollen. Mehr als eine Milliarde Euro hat der deutsche Hundefuttermarkt im Jahr 2011 in die Kassen der Unternehmen gespült. Zum größten Teil natürlich mit industriell gefertigtem Hundefutter. Eine tierärztliche Studie aus dem Jahr 2012 besagt, dass mehr als 90 Prozent aller Hundebesitzer Fertigfutter verwenden, bzw. dieses mit zusätzlichen Zutaten kombinieren. Neben Trockenfutter sind auch die sogenannten „Hundesnacks" heißbegehrt. Hier ist der Umsatz im Vergleich zum Vorjahr auf 373 Millionen Euro gestiegen, Nassfutter kommt gleich dahinter mit 362 Millionen Euro. Und was machen die restlichen Hundehalter? Sie kochen selbst für Ihren Hund, ernähren ihn vegan oder greifen zu einer anderen Alternative wie dem Barfen. Egal welche der Möglichkeiten Sie nun für die beste halten: Es gibt schlichtweg keine eindeutige Antwort.

Trocken- oder Nassfutter? Oder lieber Frischfleisch?

Britta Karsch von der Hamburger Tierhandlung „Tierbar für alle Felle" erklärt, dass die hochwertigen Nass- und Trockenfutter in der Regel alle wichtigen Nährstoffe für den Hund enthalten. Dazu gehören neben Eiweißen und Fetten auch Mineralien, Vitamine und pflanzliche Stoffe. Joachim Meyer von „BEGA Fleisch" und Hersteller von Roh- und Trockenprodukten weißt darauf hin, dass beim Barfen neben Frischfleisch und ungekochten Knochen auch Obst und

Paddy und Paulina freuen sich über frisches Fleisch vom Wochenmarkt.

Gemüse verfüttert werden muss: „Wichtig ist ja beim Barfen, dass zwei Dinge beachtet werden: Der Säuregehalt, der im Pansen auftritt, muss durch Kalzium neutralisiert werden. Und den hohen Proteingehalt von Frischfleisch reduzieren Sie durch die Beigabe von gebrühtem oder püriertem Gemüse auf das richtige Maß", erklärt der dreifache Hundebesitzer. „Wenn Sie zu so einer Fleischmahlzeit also gebrühte und pürierte Karotten mit zugeben, sorgen Sie auch automatisch für einen ausgeglichenen Vitaminhaushalt bei Ihrem Hund." Wichtiger als die Ernährungsmethode sind natürlich die Qualität des Futters und die Dosierung.

Ein quicklebendiger junger Hund braucht sicherlich eine andere Menge täglichen Futters als ein Hunde-Opi. Welche Nährstoffe ein Hund in welcher Menge benötigt, hängt also von der Rasse, vom Lebensalter und natürlich auch vom Temperament des Hundes und seinem Aktivitätsniveau ab. Britta Karsch von der „Tierbar" weißt darauf hin, dass es vor allem bei einem kranken oder allergischen Hund wichtig ist, was in den Hundenapf gehört und was nicht: „Unsere Erfahrung zeigt, dass es bei einer ausgewogenen Ernährung aber keinen Unterschied macht, ob man nun Trocken- oder Nassfutter füttert."

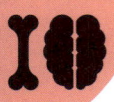

Der wesentliche Unterschied liegt bei beiden Futterarten im Wassergehalt. Während Trockenfutter knapp 10 Prozent Wasseranteil hat, sind es beim Nassfutter ca. 80 Prozent. Trockenfutter weißt also eine deutlich höhere Nährstoffkonzentration auf. Das birgt beim Trockenfutter die Gefahr, dass ein Hund bei einer falschen Dosierung schnell mit Nährstoffen überversorgt wird. Die Folgen: Übergewicht oder mögliche Allergien, sowie ein allgemeines Unwohlsein. Außerdem ist es ganz wichtig, dass Hunde ausreichend Wasser zum Trockenfutter bekommen.

Teuer = gut?

Der Preis einer Hundefuttersorte muss nicht zwangsläufig etwas über die Qualität aussagen. Auch vom Zusatz „Bio" sollte man sich nicht in die Irre führen lassen, denn der, so Joachim Meyer von „BEGA Fleisch" sagt gar nichts über die Qualität des Hundefutters aus: „Nur weil das, was im Futter drin ist, von Herstellern mit Bio-Siegel kommt, heißt das noch lange nicht, dass das Futter auch gut für den Hund ist." Kalzium ist so ein Produkt. Zu viel davon kann bei Welpen Schäden beim Knochenwachstum hervorrufen. Die Stiftung Warentest hat mehrere Hundefutter untersucht und festgestellt, dass in einigen Produkten zu viel Kalzium und in anderen zu wenig Zink, Seelen und Kupfer enthalten ist. Das Ergebnis des Tests: Qualitativ minderwertige Produkte können bei Hunden zu Mangelerscheinungen oder zu einer Überversorgung führen.

Abfall im Hundefutter

Joachim Meyer empfiehlt das Buch „Katzen würden Mäuse kaufen" von Hans-Ulrich Grimm, denn dort wird den Herstellungsprozessen in der Futtermittel-Industrie auf den Grund gegangen. Er findet es unglaublich, was der Autor herausgefunden hat: „Alles, was für den Menschen ungenießbar ist, kann man ja heute mit Chemie auf Geschmack trimmen. ‚Veredeln' nennt die Industrie das", sagt Meyer verächtlich. Und dabei ist es noch nicht einmal verboten, Erbrochenes, Abfall, Kot und Kadaver zu Hundefutter zu verarbeiten. Laut Futtermittelgesetz ist ein Hersteller von Futtermitteln nämlich nur dazu verpflichtet, Zutatengruppen anzugeben. „Einzelzutaten, Aromastoffe oder Geschmacksverstärker brauchen Sie also gar nicht angeben", ärgert sich Meyer.

Natürlich sind nicht alle Hersteller von Hundefutter schwarze Schafe. Die Frage ist nur, wie man sich vor minderwertigem Futter schützen und dieses von hochwertigem Futter unterscheiden kann? Joachim Meyer erklärt, dass „ein Hersteller guter Produkte hat auf seinen Produkten nie nur „Nebenerzeugnisse" stehen, sondern weißt darüber hinaus jede Zutat einzeln aus." Und wenn das teilweise für den Laien unverständlich daherkommt, dann ist das auch nicht weiter schlimm: Die Hersteller sind dazu verpflichtet, ihre Kontaktdaten auf der Verpackung anzugeben. Damit jeder bei Fragen zur Qualität einfach nachhaken kann. Und wer bereitwillig Auskunft gibt, hat auch nichts zu verbergen. So wie Joachim Meyer, der ganz klar alle Zutaten seiner Pansensticks auf der Verpackung aufführt: Pansen. Sonst nichts. Eben nur reine Ware.

Gleich gibt es was zu essen

Gutes Hundefutter gibt es hier:

BE-GA Fleisch
Fleischgroßmarkt Hamburg
Lagerstraße 17
20357 Hamburg
Joachim Meyer
Tel.: 040 - 435 283
Fax: 040 - 430 3424
Mail: info@bega-fleisch.de
Web: www.BEGA-Fleisch.de

Oder hier:

TIERBAR - FÜR ALLE FELLE
Eppendorfer Weg 175
20253 Hamburg
Britta Karsch & Birgit Rogge
Tel. 040 - 491 5711
Mail: info@tierbar.de
Web: www.tierbar.de

„Hamburger Kugeln wollen sie alle"

Ein Blick hinter die Kulissen der Hundetrüffel-Manufaktur „Hamburger Kugeln"

Wer im Hamburger Westen unterwegs ist und die Augen offenhält, findet sie vielleicht. Die unscheinbare weiße Tür, die zwischen Efeu und grünen Ranken versteckt Einlass gewährt in Hamburgs wohl exklusivste Manufaktur für Hundetrüffel. „Heute noch so gut wie Hausgemacht" behauptet die Werbung von einer Nusstafel. Tatiana Gritsenko schmunzelt bei diesem – zugegebenermaßen etwas hinkenden – Vergleich, als sie uns in der Tür empfängt: „Bei uns wird tatsächlich noch jede einzelne Hundepraline von Hand gefertigt. Aber kommen Sie doch erst mal herein." Herein in die kleine Firma, in der seit 2011 jede Woche viele kleine, handgefertigte schwarze und weiße Trüffeln zusammengedreht, in Form gerollt und in hundegerechte Portionen geschnitten werden.

Alles, was es dazu braucht, sind vier Zutaten pro Geschmacksrichtung, einen Löffel und ein Messer. „Hamburger Kugeln bestehen zu 100 Prozent aus reiner Ware", erklärt Tatiana Gritsenko. Sie holt gerade ein Blech mit den bei Hunden besonders beliebten „Schwarzen Trüffeln" aus dem Ofen. Die vier Zutaten der Kugeln sind kein Geheimnis. „70% frische Rinderleber, Bio-Haferflocken, Bio-Ei und Olivenöl: fertig sind die schwarzen Trüffeln. Mehr kommt in meine kleinen Köstlichkeiten nicht rein", erzählt Tatiana Gritsenko stolz. Und weiter: „Ich habe die Rezeptur für Kugeln und die ‚Doggy Drops' aus möglichst wenigen Zutaten entwickelt. Das ist für den Hund einfach bekömmlicher und für die Hundehalter ist das transparenter." So weiß je-

Hausgemachtes von der Elbe: Hamburger Kugeln.

Vier Zutaten - das war's. Mehr ist nicht drin, in einer Kugel.

der ganz genau, was sein Hund frisst. Die frisch aus dem Ofen geholten schwarzen Kugeln kühlen auf einer Anrichte aus. „Die Inhaltsstoffe und die Zusammensetzung meiner Trüffeln werden regelmäßig von einem unabhängigen Labor überprüft", erzählt Tatiana Gritsenko, während sie eine Ladung weiße Trüffeln in den Ofen schiebt.

Jede Kugel gibt es auch glutenfrei

Die weißen Kugeln sind die zweite Sorte, die heute in der Trüffelküche gefertigt wird. Sie werden mit Bio-Hüttenkäse anstelle von Rinderleber hergestellt und das Olivenöl wird durch Bio-Karotten ersetzt. Ganz gleich ob schwarz oder weiß: Beide Geschmacksrichtungen gibt es jeweils auch als glutenfreie Variante. Dann werden die Haferflocken durch Maniok aus einem ortsansässigen Fair-Trade Geschäft ersetzt. Wie lange genau und bei welchen Temperaturen die Kugeln zunächst gebacken werden und für wie viele Tage sie dann trocknen und fermentieren, das verrät Tatiana Gritsenko nur unter dem Siegel absoluter Verschwiegenheit. Hört sich alles ganz plausibel und nachvollziehbar an, darf aber hier nicht verraten werden. Denn sonst könne „ja jeder seine eigenen Hamburger Kugeln herstellen."

Während die schwarzen Kugeln jetzt einige Tage an der Luft trocknen und die weißen, gerade in den Ofen geschobenen Kugeln bei unterschiedlichen Temperaturen für mehrere Stunden ausgebacken werden,

öffnet die Tatiana Gritsenko die Tür eines weiteren Raumes ihrer Manufaktur. Auf der linken Seite lagern die unterschiedlichen fertigen Kugeln in luftigen Holzkisten. Anschließend finden sie ihr Plätzchen in den markanten, grünen Kästchen mit der braunen Banderole. Selbstverständlich von Hand und immer nur gerade soviel, wie von Kunden über den Onlineshop oder von Tierbedarfsgeschäften (nicht nur) in Hamburg nachgefragt wird. „Ich habe hier keine Massen an Vorräten", erklärt Tatiana Gritsenko. „Die Ware, die hier steht, reicht ungefähr aus, um die Anfragen der nächsten fünf oder sechs Tage zu bedienen. Ich produziere ja mehrmals in der Woche immer wieder frische Kugeln und Doggy Drops." Die fleißige Geschäftsfrau ergänzt, dass es schon mal vorkommen kann, dass „man auf seine Bestellung im Shop zwei, drei Tage warten

muss." Schließlich werden die Hamburger Kugeln nicht am Fließband produziert. Und die Nachfrage nach den Trüffeln steigt ständig. Das hat neben den gesunden Inhaltsstoffen auch damit zu tun, dass sie keine Dickmacher sind. Die Hamburger Händler, zum Beispiel die Pet-Shop-Boyz in St. Georg, beliefert sie übrigens ebenso nachhaltig, wie sie ihre Produkte herstellt: Mit dem Fahrrad und einem Anhänger.

Testlabor und Ideenschmiede

Auf der Arbeitsfläche an der gegenüberliegenden Wand befindet sich das Testlabor, die Ideenschmiede. Hier lebt Tatiana Gritsenko ihre kreative Ader aus. Aus einer Schublade holt sie ein kleines Kästchen aus hellem und stabilem, gewelltem Karton hervor. Trotz aller Tradition, die sie hier in ihrer Manufaktur lebt, möchte sie weiter wachsen und neue Märkte erschließen. Der Inhalt des Kästchens? Wird noch nicht verraten. Aber man merkt ihr an, dass sie mit der Art, wie die aufwendige Schleife nachher das Kästchen verschließen soll, noch nicht zufrieden ist.

Nachhaltigkeit: Vertriebsmitarbeiterinnen Ira und Kira.

Sie experimentiert im Moment mit Siegellack und verschiedenen Stempeln, sagt sie: „Aber das, was mir gefällt, und elegant aussieht, bietet nicht genug Halt, um die Schleife zusammen zu halten. Und das, was genug Halt bietet, sieht noch nicht so elegant aus, wie ich mir das vorstelle." Der originelle Aufdruck des

Wer die Wahl hat, hat die Qual

Kästchens macht auf jeden Fall Lust darauf, einen Blick in die Packung mit dem neuen Produkt zu werfen. Der Part der Produktentwicklerin macht ihr natürlich auch sehr viel Spaß. So richtig wohl fühlt sich die Wahlhamburgerin aber immer dann, wenn sie in ihrer Küche steht.

Und während sie den Entwürfen ihrer Verpackungen gemeinsam mit der befreundeten Designerin Ines Handschuh den letzten Schliff gibt, lässt sie den Geschmack neuer Produkte von den Freunden ihrer Welsh-Terrier-Hündin Kira testen: „Auf Kiras Gassiwiese fressen viele Hunde keine Leckerlis. Aber Hamburger Kugeln wollen alle!"

Hamburger Kugeln

Manufaktur für Hundetrüffel
Tatiana Gritsenko
Tel.: 040 - 9436 6224
Mail: bahrenfelderhund@googlemail.com
Web: www.hamburgerkugeln.de

Sitz & Platz

Auch in Hamburg ist die Hundeerziehung ein sehr wichtiges Thema. Denn in der Stadt können die eigenen Vierbeiner in den meisten Fällen nicht auf dem eigenen, gesicherten Gartengrundstück herumrennen. Sie brauchen ein ganz besonderes Maß an Grundgehorsam und Zurückhaltung, um im Straßenverkehr und zwischen Menschenmengen klarzukommen. Wir sind der Frage nachgegangen, was Stadthunde als erstes lernen müssen; woran man eine gute Hundeschule und einen guten Hundetrainer erkennt; was die modernen Methoden der Hundeerziehung sind. Und ganz egal, mit wem wir gesprochen haben: Alle waren sich einig darüber, dass Hunde in der Stadt noch mehr sozialisiert und gefordert werden müssen, um gut mit ihnen zusammenleben zu können. Und, um am Ende selbst ein entspannteres Leben führen zu können.

„Ich bin doch kein Bonbonautomat"

Ein Spaziergang mit der Hamburger Hundetrainerin Maren Grote durch die Hundewelt

Manchmal hat Maren Grote einen Traum: „Wie einfach könnte es sein, wenn unsere Hunde unsere Sprache sprächen und verstünden. Wir müssten nicht hin und wieder laut werden und unsere Vierbeiner wären nicht so zwingend darauf angewiesen herauszufinden, was wir mit unserer Stimmlage und Körpersprache wohl meinen." Kommunikation ist eben keine Einbahnstraße. Während sie bei strömendem Regen mit sechs großen und selbstbewussten Hunden und einem kleinen schwarzen Pudel im Schlepptau durch das Glashütter Moor vor den Toren Hamburgs stapft, zieht sie ihre Kapuze noch etwas fester um den Kopf, wischt sich die Regentropfen aus dem Gesicht und stellt ganz nüchtern fest: „Hundeerziehung scheitert bei vielen Mensch einfach daran, dass sie schlicht und ergreifend nicht verstehen, was die Hunde ihnen sagen wollen. Und umgekehrt!" Diese Missverständnisse sollten besonders bei Stadthunden aus dem Weg geräumt werden. Denn eine verständliche Kommunikation beider Seiten macht es erst möglich, dem anderen gerecht zu werden und ein friedliches und fröhliches Miteinander zu leben. Eine verständliche Kommunikation ist gerade bei Stadthunden wichtig, ist doch der soziale Druck für den Hamburger Hundehalter im täglichen Hundeleben viel größer, als in - sagen wir mal - Nordfriesland. Natürlich ist die Erziehung von Hunden zu einem großen Teil eine Frage der eigenen Philosophie und Weltanschauung. Nicht wenige Menschen glauben, dass man aus einem Moment der Verzweiflung mit Schreierei am Weitesten kommt.

Schreien bringt nichts

Maren Grote, die sich mit Ihrer Firma „Lotte-Hundetraining" auf die Erziehung und Ausbildung von Hunden spezialisiert hat, hält fest, dass man hin und wieder bei der Hundeerziehung Mut benötigt, auch mal der Spielverderber zu sein und Dinge zu verbieten: „Natürlich ist es total verkehrt, seinen Hund im Affekt unkontrolliert und unangemessen zu Strafen, weil er einen nicht ernst zu nehmen scheint. Ich finde es aber vollkommen ok, in bestimmten Si-

Maren Grote ist bei jedem Wetter draußen unterwegs.

tuationen den Hund einzuschränken oder ein Verbot durchzusetzen, weil ich ein gezieltes Erziehungsmodell verfolge. So kann er lernen, dass es für ihn besser ist, in bestimmten Situationen auf mein Kommando zu hören." Denn nur durch eine in jeder Beziehung kontinuierliche und verlässliche Erziehung kann ein Hund ein für ihn überschaubares und sicheres Leben führen und sich in jeder Situation auf das Vertrauen seines Besitzers verlassen. „Genau um solche Unterschiede und Möglichkeiten geht es häufig auch in meinen Seminaren für Hundebesitzer und Hundetrainer", erklärt Maren Grothe. Die Hamburger Hundetrainerin orientiert ihre Hundeerziehung an wissenschaftlichen Erkenntnissen über Sozialverhalten und Gefüge unter Hunden, sowie an erwiesenen Erfolgen aus den Bereichen Lerntheorie und Verhaltensbiologie.

Hierbei wird gezielt den Problemen entgegen gearbeitet, die das Zusammenleben oft besonders schwer machen: Aggression, Jagen von Fahrrädern oder Joggern, Bellen, Anspringen oder auch Angst. „Wichtig ist dabei, dass die Ausbildung hunde- und rassenspezifisch erfolgt. Nur so kann ich für einen Hund und seinen Halter die passenden Lösungen finden."

Werbung

Individuelles Hundetraining
Verhaltensberatung für Menschen mit Hund

Söhnke Storbeck

Mobil: 0177 - 964 17 02
Festnetz: 040 - 693 77 82
E-Mail: dogexpert@web.de

www.hundeverhalten-verstehen.de

Den Hunden gefällts: Toben im Wasser.

Praktische Übungen für Hund und Halter

Im Erstgespräch vor dem Training erfasst CANIS-Absolventin Maren Grote, wo genau die Schwierigkeiten liegen und welche genetischen Vorgaben des Hundes, Situationen im Alltag oder Verhaltensweisen des Menschen diese Schwierigkeiten verstärken oder dämpfen können. Dazu entwickelt sie ein Programm, das sich auf die gesamte Lebenssituation des Hundes und seines Besitzers bezieht, um das anschließende Training für die Beiden passend und effektiv zu gestalten . Gut zu wissen für den Hundebesitzer: Am Ende eines solchen Erstgespräches lässt sich meistens eine ungefähre Einschätzung der Trainingsdauer und des damit verbundenen finanziellen und persönlichen Aufwandes geben. Im zweiten Schritt folgen dann die einzelnen Trainingseinheiten. Hier wird mit praktischen Übungen gearbeitet, die der Hundehalter erlernen und selber umsetzen muss. „Es bringt ja nix, wenn sich der Hund bei mir benehmen kann und seinem Frauchen oder Herrchen zu Hause auf der Nase herumtanzt", schmunzelt Maren Grote. Ihre Übungen bauen aufeinander auf und ziehen sich durch das gesamte Training. Außerdem werden die bisher schwierigen Situationen, in denen ein spezielles Problem auftritt, direkt aufgesucht und bearbeitet. Dadurch wird eine Umbewertung der Lage ermöglicht.

Soziale Bindung ist wichtig

Für die veterinäramtlich geprüfte und von der schleswig-holsteinischen Tierärztekammer zertifizierte Hundetrainerin ist es klar, dass soziale Bindungen, Vertrauen und „sich-auch-mal-streiten-und-wieder-vertragen" in der Hundeerziehung wichtige Elemente sind. Natürlich kann und soll man richtiges Verhalten durch ein Lob oder ein Leckerli belohnen. Die Frage ist nur: Zieht die reine Belohnungsstrategie dauerhaft stärker als die läufige Hündin auf der anderen Straßenseite oder der Spielkamerad in Nachbars Garten? Es soll tatsächlich Hunde geben, denen Spielen wichtiger ist als Fressen. Maren Grote: „Geben Sie nicht auf! Kleine Hunde sind wie kleine Kinder. Manchmal muss man sie mehrmals mit Ruhe und Geduld anspornen, bis man zum gewünschten Erfolg kommt. Fairness und

Souveränität sind dabei die oberste Regel." Hunde wissen von Natur aus nicht, dass ein Auto eine Gefahr bedeuten kann und dass es ihnen einen klaren Vorteil bringt, wenn sie bereits bei der ersten Ansprache bei Fuß gehen oder Platz machen. An den Lärm der ganz in der Nähe des Übungsplatzes startenden Flugzeuge haben sich die Hunde offensichtlich gewöhnt. Die Düsenvögel werden keines Blickes gewürdigt. Gruppenspiel ist viel interessanter.

Soziale Kompetenz kann man lernen

Die Grundbefehle Sitz, Platz, Fuß zu erlernen ist für die meisten Hunde nicht sonderlich schwer. Die Geschwindigkeit, mit der dieses Ziel erreicht wird, hängt dabei entscheidend von der Motivation des Hundes und des Menschen ab. Für Maren Grote ist es wichtig, dass nicht nur formal sondern auch sozial gelernt wird. Bei ihr lernen Hunde ein hohes Maß an Umweltsicherheit und Frustrationstoleranz. Nur wenn ein Hund die im Idealfall von seinem Halter ausgehende Gelassenheit übernimmt, wird aus einer oftmals schwierig anmutenden Dressur eine wirkliche Erziehung. Dieses Prinzip wird vom Volksmund auch gerne mal mit den Worten „Wie der Herr, so sein Gescherr" umschrieben. Schließlich gilt es, das Potential der Hunde zu erkennen. „In der Hundeerziehung wird heute oft ausschließlich mit Belohnung durch Leckerlies gearbeitet", stellt Maren Grote fest. Das reduziere das Tier auf einen unmündigen Futterempfänger, der im schlimmsten Fall gar nicht mehr in der Lage sei ohne ständige Leckerlies eine soziale Bindung zu seinem Menschen aufzubauen. Maren Grote: „Eine ehrliche Bindung aufbauen kann man auch ohne ständig zu füttern. Ich bin doch kein Bonbonautomat, der auf Knopfdruck einen Keks ausspuckt."

Mit anderen Hunden klarkommen

Einhergehend mit einer geschärften sozialen Kompetenz des Hundes erscheinen auch andere Vierbeiner nicht mehr so schnell als potentielle Gefahr. „Gerade wer bei schönem Wetter mit seinem Hund rund um die Alster oder an der Elbe Richtung Teufelsbrück unterwegs ist, der kann ein Lied davon singen. Der Hund zieht und zerrt, ist total aufgeregt und schreckt auch nicht davor zurück, anderen Hunden mal die Zähne zu zeigen", erzählt Maren Grote, die Mitglied im BVZ, dem Berufsverband zertifizierter Hundetrainer ist. Sie bietet als Vorbereitung auf solche Situationen ein spezielles Training für Hunde und Halter an. Und im „Gassi-Service" kann der Hund in der Gruppe üben, sich sozial zu verhalten. Dazu gehört auch, zu spielen und miteinander auszukommen. In kleinen Gruppen mit geringer Fluktuation kann der Hund unter der Aufsicht von Maren Grote ganz Hund sein. Zur Not schlichtet Maren Grote auch schon mal, denn das allzu saloppe „Die machen das schon unter sich aus" ist nicht immer zielführend.

Giftköder & Co.

Ein Hund in der Stadt lebt gefährlich. Giftköder für Ratten und Mäuse und andere Gifte sind keine Seltenheit. „Bringen Sie Ihrem Hund bei, nichts vom Boden zu fressen. Besonders beim Beagle und bei Lab-

Hummel geht den Dingen gerne auf den Grund.

radoren müssen Sie da gehörig aufpassen". Das ist der Grund, warum einer der Hunde in Maren Grotes Gassigruppe, Dobermanndame Emmy, momentan einen Maulkorb trägt: „Sie frisst wirklich alles, was ihr vor die Nase kommt. Und leider kann sie nicht unterscheiden, ob ihr das gut tut oder nicht." Den Maulkorb trägt sie zu ihrem eigenen Schutz.

Mit dem Hund arbeiten

Ganz egal, welchen Ansatz man wählt: Wichtig ist es, am Anfang der Ausbildung Zeit und Geduld zu investieren. Maren Grote empfiehlt, in eine gute Welpenschule zu gehen. „Auf dieser Grundlage können Sie aufbauen. Was Sie dann im Anschluss daran machen, ist natürlich auch ein bisschen Geschmackssache." Wichtig ist eines: Beschäftigung heißt nicht, dass der Hund 1000 Kunststückchen und Agility beherrschen muss. Beschäftigung heißt auch, mit anderen Hunden auszukommen oder dem Drang zu widerstehen, ständig Nachbars Katze zu jagen. Letzten Endes kommt auch das immer auf den jeweiligen Charakter des Hundes und seine Rasse an. „Außerdem", erklärt Maren Grote, „lebt der Hund durch seine Nase. Während wir Menschen gerade einmal 10 bis 30 Millionen Riechzellen, sogenannte Chemorezeptoren haben, besitzt ein Hund etwa 250 Millionen davon. Gehen Sie doch einfach mal neue Wege mit Ihrem Hund. Was glauben Sie, wie der sich freut."

Lotte Hundetraining

Lohhof 23
20535 Hamburg
Maren Grote
Tel.: 0170 - 355 6962
Mail: maren.pankow@gmx.de
Web: www.lotte-hundetraining.de

CANIS Zentrum für Kynologie

Im Wackenbach 2
35687 Dillenburg
Tel.: 02771 - 800 9306
Mail: info@canis-kynos.de
Web: www.canis-kynos.de

„Die Chemie muss stimmen"

Hundepsychologin Imke Wirth betreibt Hamburgs ältesten Hundekindergarten

Wer an einen Kindergarten denkt, sieht vielleicht kleine Jungs und Mädchen, vor seinem geistigen Auge, die in Gruppen eingeteilt spielen. Das ist so schon richtig, aber in Imke Wirths Kindergarten haben die kleinen Racker nicht nur zwei, sondern vier Beine. Wir reden hier von einem Hundekindergarten. Denn auch bei diesen Lieblingen müssen Mutti oder Vati mal arbeiten. Aber auch wer krank wird und keine einzuspannenden Familienmitglieder hat, der muss - wenigstens hin und wieder - auf einen Hundesitter zurückzugreifen oder seinen vierbeinigen Freund in eine Hundetagesstätte geben. Dafür hat die studierte Tierpsychologin Imke Wirth 2003 zum Glück den allerersten Hundekindergarten in Hamburg ins Leben gerufen. Entstanden ist die Idee auf Grund ihrer Erfahrungen in der zwei Jahre zuvor von ihr eröffneten, ersten Tierpsychologischen Praxis der Hansestadt. Zunächst wurde das Konzept - teilweise sogar von Hundehaltern - belächelt: Der Erfolg hat Imke Wirth aber Recht gegeben. Eine tierpsychologische Praxis samt angeschlossener Hundeschule und Hundekindergarten hat anscheinend noch gefehlt in der Hansestadt. Im Gespräch in ihrem Hundekindergarten in Hamburg Eppendorf erzählt die gebürtige Hamburgerin, dass ihre Kunden vor zehn Jahren noch ein schlechtes Gewissen hatten, wenn sie morgens ihren Hund brachten. „Dann haben sie sich erklärt und immer ganz wortreich begründet, warum sie ihren Hund bei mir im Hundekindergarten lassen müssen." Mittlerweile ist aus dem Geschäft ein Selbstläufer geworden. Zwei bis drei Mitarbeiterinnen sorgen in Gruppen von maximal zwanzig Hunden für eine individuelle Betreuung während der täglichen Spaziergänge und Ausläufe.

„Früher hatten meine Kunden ein schlechtes Gewissen"

Die Arbeit in ihrer Hundepsychologischen Praxis und dem Hundekindergarten, so nennt die Hamburgerin ihre Hundetagesstätte, hat viele Parallelen: „Wir müssen ja jeden Hund, den wir hier bei uns eventuell aufnehmen, persönlich kennenlernen. Passt der Hund zu uns, zu den anderen Hunden, die wir hier betreuen? Fühlt sich der Hundebesitzer wohl, seinen Hund bei uns zu lassen? Welches Sozialverhalten legt der Hund an den Tag? Ist ein Rüde kastriert oder nicht?" Eine richtige Hunde-

Individuelle Betreuung: Bei Wind & Wetter draußen

betreuung erfordert viel Erfahrung und ist nicht zu vergleichen mit Nachbars Tochter, die für eine kleine Taschengeldaufbesserung zweimal pro Woche nachmittags ein oder zwei Stunden mit Waldi an der Leine spazieren geht. „Und dabei vielleicht noch am Telefonieren ist, Kurznachrichten schreibt und ganz viele andere Dinge im Kopf hat. Und sich nicht ausschließlich auf den ihr anvertrauten Hund konzentriert", ergänzt Imke Wirth. Unsere Betreuerinnen sind ausgebildete Tiertrainerinnen, angehende Tierpsychologinnen und Biologiestudentinnen. Manche ihrer Kunden kommen mit ihren Hunden schon seit zehn Jahren in den Hundekindergarten in Eppendorf. „Ich habe viele Singles als Kunden und auch Paare, bei denen der Hund so etwas wie die Vorstufe zum eigenen Kind ist." Während des Gesprächs im Eingangsbereich des

Hundekindergartens, der mit seiner gediegenen Einrichtung und den freundlichen Farben eher an eines der für diese Straße typischen Einrichtungsgeschäfte erinnert, bringen vorzugsweise Frauen ihre Hunde zur Nachmittagsbetreuung. Es ist offensichtlich, dass sich die Hunde freuen, „ihre" Hundekindergärtnerin zu treffen. „Sehen Sie", schmunzelt Imke Wirth, „die meisten können es kaum erwarten, hier herzukommen. Weil sie wissen, dass wir uns intensiv mit ihnen beschäftigen und viele spannende Sachen unternehmen." Freilauf, Erziehungsspiele, Baden gehen, Kontakte mit anderen Hunden knüpfen und natürlich auch die entsprechenden Ruhephasen nach der Nahrungsaufnahme: wenn der Hund am Abend vom Frauchen, seltener vom Herrchen, abgeholt wird, ist der „fertig für den Tag", weiß eine Kundin zu berichten. Bis zu sechs Monate beträgt die Wartezeit für einen Platz in diesem Hundekindergarten. Wer einmal dabei ist, bleibt häufig ein halbes Hundeleben oder länger: „Der Felix ist seit mehr als acht Jahren hier bei uns. Und das in durchaus wechselnden Konstellationen", verrät Imke Wirth mit einem Augenzwinkern. Auch wenn sich die häusliche Situation ändert: Der Hund bleibt in guten Händen.

In der hundepsychologischen Praxis findet der Hund wieder zu seinem Besitzer

Während sich die Mitarbeiterinnen um das tägliche Wohl der Hunde kümmern, beschäftigt sich Imke Wirth in ihrer Tier-

Werbung

Husch husch ins Körbchen...

psychologischen Praxis vor allem mit Hunden, die durch Verhaltensprobleme auf sich aufmerksam machen. „Das kann eine ausgeprägte Angst vor Gewitter sein. Ich habe Hunde behandelt, die nicht unter Brücken hindurchgehen konnten. Und das kann tatsächlich gefährlich werden", verrät sie. Denn Angst äußert sich bei einem Hund nicht selten durch Aggression oder Flucht. „Häufig", so Wirth, „treten Ängste vor Menschen bei Hunden auf, die aus dem Ausland nach Deutschland kommen. Diese Hunde haben ein spezielles Problem mit Menschen, häufig Männern, aufgrund von fehlenden menschlichen Kontakten oder schlechten Erfahrungen mit diesen." Genauso oft werden klassische Rangordnungs- und Erziehungsprobleme in ihrer Praxis behandelt. Das Vorgehen bei solch einem für den Hundebesitzer schwierigen Fall ist in einem Punkt immer identisch: „Ich erstelle zunächst im Rahmen eines Vorgesprächs eine Anamnese, um zu ergründen, woher die geschilderten Probleme rühren könnten." Dann wird ein voraussichtlicher Stunden- und Kostenrahmen festgelegt. In der Regel reichen drei bis neun Stunden, um Ängste und Aggressionen oder Rangordnungprobleme des Hundes in individuell abgestimmten Sitzungen in den Griff zu bekommen. Ganz wichtig dabei: Die Hundehalter werden mit praktischen Übungen angeleitet, Verhaltensänderungen bei ihrem Hund positiv zu unterstützen. „Es bringt ja nichts, wenn sich der Hund bei mir wunderbar verhält und zu Hause tanzt er ihnen wieder auf der Nase herum", ergänzt Imke Wirth. „Nur so findet der Besitzer einen Weg zurück zu seinem Hund." Während bei der Tagesbetreuung der Hunde auf Gruppenaktivitäten und Gemeinschaftserlebnisse Wert gelegt wird, setzt die Hamburger Hundetrainerin in ihrer Hundeschule auf Einzeltraining: „Im Einzeltraining habe ich viel mehr Möglichkeiten herauszufinden, welche Grenzen und welche Erfolge die Besitzer der Hunde haben wollen." Nach einer kurzen Pause schiebt sie nach: „Ich finde den Gruppenunterricht daher eher unbefriedigend." Selbstverständlich bietet Imke Wirth für alle ihre Betreuungsangebote und den Besuch ihrer Praxis ein problemloses und unverbindliches Kennenlernen an. Schließlich vertrauen die Hundehalter ihr und ihren Mitarbeiterinnen ein Familienmitglied an. „Ich möchte, dass sich am Ende des Tages alle wohlfühlen bei uns: die Hunde, unsere Kunden und natürlich auch meine Mitarbeiterinnen."

Wirth Tierpsychologische Praxis

Imke Wirth
Tierpsychologin (ATN)
Klosterallee 102
20144 Hamburg
Tel.: 040 - 4419 5944
Mail: www.tiertherapie.de
Web: wirth@tiertherapie.de

Individuelles Hundetraining
Verhaltensberatung für Menschen mit Hund

Söhnke Storbeck

Mobil: 0177 - 964 17 02
Festnetz: 040 - 693 77 82

E-Mail: dogexpert@web.de

www.hundeverhalten-verstehen.de

„Mann beißt Hund..."

Es gibt sicherlich geschicktere Arten, die Beziehung zwischen Ihnen und Ihrem Hund zu verbessern, als ihm ins Ohr zu beißen. Damit der Hund seine Rolle in der Mensch-Hund-Beziehung finden kann, ist eine konsequente Erziehung wichtig, die dem Hund seine Statusstellung im Sozialgefüge verdeutlicht. Wenn Ihr Hund z.B. seine Artgenossen beim Gassigehen gerne mit stolzgeschwellter Brust in die Flucht schlagen möchte oder immer wieder ein unkontrolliertes Jagdverhalten an den Tag legt, dann unterstütze ich Sie dabei, in dem ich Ihnen die Kompetenzen vermittele, die Sie für die Verbesserung des unerwünschten Verhaltens benötigen. Mein Anspruch dabei ist es, dass Sie lernen, die Ursachen bestimmter Verhaltensweisen und die daraus entstehenden Konflikte im alltäglichen Umgang mit Ihrem Hund im Vorfeld selbst zu erkennen und souverän zu bewältigen.

Im Welpen- und Junghundtraining werden die Grundsteine für eine gute Mensch-Hund-Beziehung gelegt. Das heißt, dass nicht nur Ihr Hund in der Hundeschule lernt, sondern immer das Mensch-Hund-Team im gemeinsamen Umgang miteinander unter Berücksichtigung der gegebenen Umweltbedingungen.

Und darüber hinaus: Gut sozialisierte Hunde haben mehr Freiheiten! Die Stadt Hamburg bietet für verantwortungsbewusste Hundehalter mit ihren gut erzogenen Hunden, die Leinenbefreiung an. Als zertifizierte Hundetrainerin und -verhaltensberaterin sowie anerkannte Sachverständige der Hansestadt Hamburg nehme ich die Prü-

Bei Alexandra Berndt lernen Mensch und Hund gemeinsam im Team.

fung zur Leinenbefreiung für Sie und Ihren Hund ab und stelle Ihnen die entsprechende Bescheinigung aus. Gut erzogene Hunde genießen eine hohe Akzeptanz in der Bevölkerung und fördern zusätzlich das positiv Bild des Hundes in der Öffentlichkeit!

Besuchen Sie mich und dogs pro mit Ihrem Hund bereits in der wichtigen Welpen-und Junghundzeit, damit von Anfang an die richtigen Verhaltensmuster erlernt werden können.

Natürlich können auch ältere Hunde, die noch etwas Erziehung benötigen oder Verhaltensauffälligkeiten zeigen, bei entsprechender Veränderung der Kommunikationsstruktur „Mensch-Hund" und entsprechendem Training ihr Verhalten ändern.

Im Rahmen eines ausführlichen Erstgespräches werde ich mir gerne ein Bild von Ihrer persönlichen Mensch-Hund-Beziehung machen und Lösungsansätze individuell mit Ihnen und Ihrem Hund erarbeiten und anpassen. Damit Ihr Hund lernt, sich wie gewünscht zu verhalten und sich an Ihnen, auch in schwierigen Situationen, orientieren kann.

dogs pro

Alexandra Berndt
Bergredder 55
22885 Barsbüttel
Tel.: 040 / 18092640
Mobil.: 0179 / 200 650 3
E-Mail: info@dogs-pro.de
Web: www.dogs-pro.de

Werbung

Die Tagebücher von Easy Dogs.
Mehr Freude und Erfolg beim Training.

▷ www.Easy-Dogs.net

Training   Dummyarbeit   Mantrailing   Gesundheit

Gassi & Co.

Es liegt in der Natur der Sache, dass Hundemenschen mobile Menschen sind. Jeden Tag müssen sie raus zum Gassi gehen. Und die meistens wissen es längst: Gassi gehen ist nicht gleich Gassi gehen. Denn einfach immer nur die gleiche, tägliche Minimalrunde um den Block macht höchstens alte und/oder fußkranke Hunde glücklich. Hunde wollen nämlich mehr. Sie wollen Abenteuer, Beschäftigung und spannende Aufgaben. Wo aber kann man genau das erleben? Wo sind die besten Auslaufgebiete zwischen Alster und Elbe, wo darf man in der Hansestadt seinen Hund ungestraft ins Wasser zum Baden lassen? Wie beschäftigt man seinen Hund beim Spaziergang? Und was macht man, wenn der Hund dann doch mal zu Hause beschäftigt werden muss, weil die Zeit knapp ist? Mobilität bedeutet aber auch: Arbeiten, Dienstreisen, ein Ausflug am Wochenende. Wohin dann mit dem eigenen Vierbeiner? Wir haben einen Blick auf den sehr umfangreichen Markt der Hamburger Hunde-Dienstleister geworfen. Und last but not least: Draußen mit seinem Hund unterwegs zu sein heißt auch, dass man manchmal Konflikten mit Nicht-Hundebesitzern, mit anderen Hundebesitzern und mit dem Ordnungsamt ausgesetzt ist. Wie reagiert man selbst darauf und vor allem: Wie bleibt man in so einer Situation souverän?

„Zu Gast mit Hund in Hamburg"
Fünf Routen für Vier- und Zweibeiner

Hamburg meine Perle! Stadt der Seefahrt und der Kreuzfahrtromantik. Früher sind die Erste-Klasse-Passagiere der in Hamburg anlegenden Atlantikdampfer sogar in einem eigens für sie gebauten Hotel abgestiegen: Dem Hotel Atlantic an der Außenalster. Im Jahr 1909 wurde das Hotel gebaut und noch heute ist es die erste Adresse der Stadt, in vielen Belangen eine Spur freundlicher, aufmerksamer und eleganter, als die meisten Hotels in Hamburg.

Sogar ein „Atlantic-Dog-Treatement" gibt es in dem Haus der Fünf-Sterne-Superior-Kategorie. Ein dick gepolstertes King-Size-Hunde-Kissen mit eingesticktem Monogramm, Leckerlies, Spielzeug, chromblitzende Näpfe für Futter und Wasser kann man für 35 Euro (für den gesamten Aufenthalt) mit dazu buchen. Aufmerksamer Service inklusive! Und wenn die Hundebesitzer abends in der Oper oder im Musical weilen, geht auch schon mal der Doorman mit dem Hund an die Alster, das Beinchen heben. Egal ob man als Hamburg-Besucher seine Nächte im Atlantic oder in einem der vielen anderen Hotels der Stadt verbringt: Die FRED & OTTO Hamburg Routen für „mit Hund" machen so oder so viel Spaß und sind auf Seite 86 bis 87 im Stadtplan farblich markiert.

Mit dem Doorman um die Alster.

Erste Klasse Service für Vierbeiner: Das Atlantic-Dog-Treatment.

TOUR 1: ALSTER (Route grün)

Start: Alsteranleger am Jungfernstieg
Dauer: 4-5 Stunden
Reise mit: Alsterboattrips
Tour: Rundtour vom Jungfernstieg und wieder zurück

Wieso dorthin?: Ein ausgiebiger Hundeauslauf lockt auf der Alstervorlandwiese am Harvestehuder Weg. Von hier lässt sich der herrliche Blick auf das Stadtpanorama mit sämtlichen Hamburger Kirchtürmen, dem Rathausturm und der Elbphilharmonie genießen. Am südlichen Alsterende lädt das schwimmende Café Barca auf einen Kaffee ein, in der Alsterlounge im schräg gegenüber gelegenen Hotel Atlantic isst man leckere Kleinigkeiten zu Mittag oder zu Abend. Danach ein bisschen Kunst gefällig? Gerne: Gerade einmal eine Parallelstraße von der Alster entfernt bietet sich mitten in St. Georg ein Abstecher ins „Koppel 66: Haus für Kunst und Handwerk" an. Natürlich kann man seinen Hund hierhin mitnehmen.

TOUR 2: WINTERHUDE (Route gelb)

Start: Alsteranleger am Jungfernstieg
Dauer: 3-6 Stunden, je nach Dauer des Aufenthaltes im Stadtpark
Reise mit: U-Bahn und Alsterboattrips
Tour: Alsteranleger Jungfernstieg - Anleger Winterhuder Fährhaus - Fußweg zum Stadtpark - Stadtpark - Kampnagel - Winterhude - Bus & U-Bahn zurück in die Stadt

Wieso dorthin?: Was gibt es schöneres, als für einen halben Tag dem Trubel der Stadt zu entfliehen, ohne die Stadt zu verlassen? Mit dem Alsterboot bis zum Anleger „Winterhuder Fährhaus" fahren, dann rechter Hand über den Winterhuder Markt ab in den Stadtpark. Hier kann sich der Hund nach Herzenslust austoben. Kleine Cafés, zwei Restaurants und ein Biergarten sind die perfekten Orte für Hunde und Halter, die Zeit im Müßiggang verstreichen zu lassen. Das Planetarium dann links liegen lassen (hier haben Hunde leider keinen Zutritt), und am Planschbecken vorbei weiter zum südlichen Ende von Hamburgs grüner Lunge. Von dort sind es nur wenige Hundert Meter durch die Jarrestraße bis zur Kulturfabrik Kampnagel. Im dortigen Casino kann man für kleines Geld in entspannter Atmosphäre lecker Mittagessen. Danach laden die verwinkelten Gassen von Winterhude zu einem kleinen Kunst-, Kultur- und Shoppingtrip durch viele kleine Boutiquen und Galerien ein. Bevor es mit dem 6er Bus ab der Haltestelle Goldbekplatz und der U3 (Station Borgweg) oder dem Alsterboot ab dem Winterhuder Fährhaus wieder zurück in die Stadt geht, empfehlen wir, den spannenden Tag im Bootsmann am Goldbekkanal bei einem kühlen Getränk und mediterran inspirierter Küche ausklingen zu lassen.

TOUR 3: HOHELUFT (Route rot)

Start: U-Bahnstation Rathaus
Dauer: 3-4 Stunden
Reise mit: U-Bahn und/oder Alsterbooten
Tour: U-Bahnstation Rathaus bis U-Bahnstation Hoheluftbrücke, von dort zu Fuß durch Isestraße und/oder Lehmweg zum Eppendorfer Baum. Oder ab Anleger Jung-

Tretboote und Schwäne im Osterbekkanal.

Zwischenstopp in der Coffeteria 'Kleines & Feines' am Eppendorfer Weg

fernstieg bis Anleger Krugkoppelbrücke, von dort zu Fuß via Klosterstern zum Eppendorfer Baum

Wieso dorthin?: Egal ob mit U-Bahn oder dem Alsterboot: Die kleinen Geschäfte im Eppendorfer Weg, am Eppendorfer Baum und in der Hegestraße sind einen Besuch Wert. Im Anschluss an die Bootsfahrt über die Alster geht es zu Fuß den Harvestehuder Weg entlang mit viel Grün an weißen Villen und hochherrschaftlichen Stadthäusern vorbei zum Klosterstern. Nach dem Boutiquenbummel lockt das grüne Isebekkanal-Ufer und der Bogenstraßenpark. Achtung: Hier lockt der Isebekkanal mit direktem Wasserzugang für den Hund. Hunger und Durst zwischendurch? Kein Problem: Der Isemarkt ist Europas größter überdachter Wochenmarkt, unter dem Hochbahnviadukt in der Isestraße. Hunde sollten hier allerdings nicht größer als eine Einkaufstasche sein und möglichst auch in einer solchen über den Markt transportiert werden. Ansonsten empfehlen wir für Süßes und herzhafte Kleinigkeiten die Coffeteria „Kleines & Feines" im Eppendorfer Weg (montags Ruhetag) und für den großen Hunger das Ufer-Café am Kanal im ehemaligen Lampenwärterhäuschen. Zurück in die Stadt mit der U3 (Station Hoheluftbrücke). Und wer mit der U-Bahn ankommt, macht die ganze Tour einfach in entgegengesetzter Richtung.

TOUR 4:
HAFENCITY (Route blau)

Start: U-Bahnstation Jungfernstieg
Dauer: 4-5 Stunden
Reise mit: der neuen U4 und zu Fuß
Tour: U-Bahn Jungfernstieg- U-Bahn Überseeboulevard (Hafencity) - Speicherstadt und wieder retour

Wieso dorthin?: Nicht nur Hamburgs neues Wahrzeichen, die Elbphilharmonie, lockt nach einer fünfminütigen Fahrt

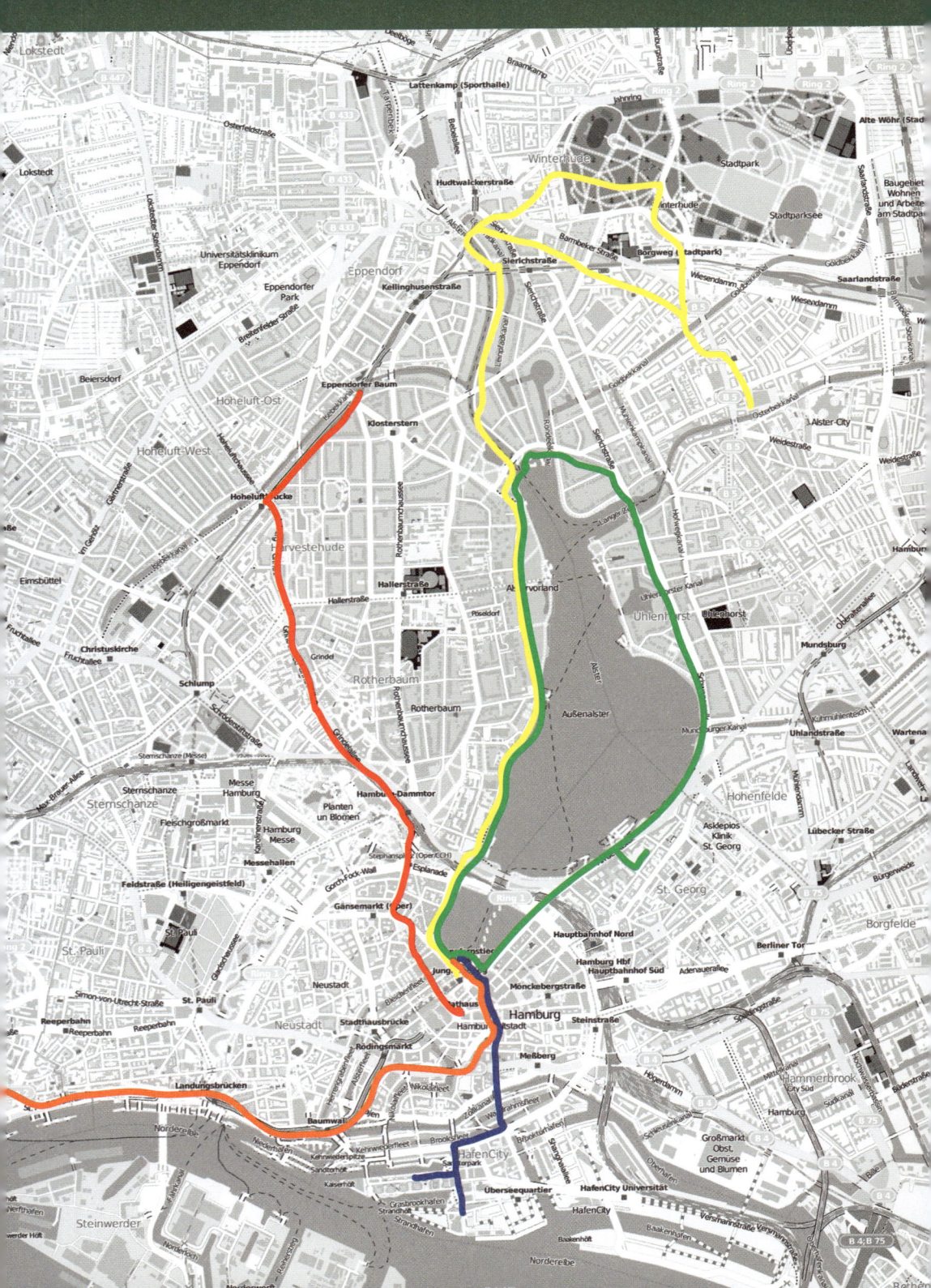

Spektakuläre Ausblicke: die Hafencity

die moderne Architektur auf sich wirken zu lassen. Wenn es etwas schicker sein darf, hält das Carl's direkt gegenüber der Elbphilharmonie gekühlte Getränke und kleine Speisen für den Hunger zwischendurch bereit. Den absoluten Überblick gibt es im ehemaligen Kesselhaus in der Speicherstadt: Hier kann man ein riesiges Miniaturmodell des neu entstehenden Stadtteils bestaunen. Über die Fußgängerbrücke zurück durch die historische Deichstraße wieder in Richtung Jungfernstieg und Binnenalster. In der Deichstraße lock das Ti Breizh im Haus der Bretagne mit bretonischen Köstlichkeiten. Bei schönem Wetter unbedingt nach einem Platz auf der Terrasse direkt über dem Nikolaifleet Ausschau halten.

mit der neuen Linie 4. An der Station Überseeboulevard aussteigen und Hamburgs neuen Stadtteil und mit der Speicherstadt den größten zusammenhängenden Lagerhauskomplex der Welt bestaunen. Auf den schick gestalteten Grünflächen können sich Hund und Halter entspannen. Die Kaiserperle lädt bei sonnigem Wetter ein, das bunte Treiben auf der Elbe und

TOUR 5: ELBE (Orange)

Start: U-Bahnstation Jungfernstieg
Dauer: 5-6 Stunden
Reise mit: HADAG-Fähre / U-Bahn

Auch im Winter ein Muss: Elbspaziergang mit Hund

Tour: U-Bahn Jungfernstieg - U-Bahn Landungsbrücken - Anleger Teufelsbrück - Hauptbahnhof

Wieso dorthin?: Vom Jungfernstieg geht es mit der U3, das ist die gelbe Linie, in der historischen Hochbahn die Hafenkante entlang: 360° Hafenpanorama auf Elbphilharmonie, Speicherstadt und Hafendocks. An den Landungsbrücken wartet die HADAG Fähre, die einen quer durch den Hamburger Hafen, vorbei am berühmten Dock ELBE 17, dem Ovelgönner Museumshafen, kleinen Kapitänshäusern und den weißen Villen an der Elbchaussee zum Fähranleger Teufelsbrück bringt. Der Hund kann sich in der Elbe abkühlen, das Café Engel lockt mit unglaublichem Blick auf die direkt vorbeifahrenden dicken Pötte auf der Elbe. Etwas mehr Ruhe gefällig? Dann ab in den Jenischpark: Vom Anleger Teufelsbrück ist es für Hund und Halter ein Katzensprung in das riesige, für Hunde ideale Auslaufgebiet. Bei schönem Wetter bietet das Café im Jenischhaus von seiner Außenterrasse einen spektakulären Blick über die Elbe und das bunte Treiben der Hafenanlagen am anderen Elbufer. Kurzer Fußmarsch zur nahegelegenen S-Bahn-Station Flottbek und mit der S-Bahn wieder zurück in die Innenstadt. Das beste an dieser Tour. Und das alles mit der „9:00 Uhr HVV-Tageskarte" für 5,80 Euro.

„Auf vier Pfoten durch die Hansestadt"

Dog Tours Hamburg bietet geführte Hamburg-Routen für Hunde und Halter an

Nadine Rissiek hat in Hamburg eine ganz besondere Eventreihe ins Leben gerufen: Sie bietet Hamburgern und Gästen der Stadt maßgeschneiderte Routen für Spaziergänge mit dem eigenen Hund an. Wer keine Lust hat, sich selbst mit einem Stadtplan bewaffnet auf die Suche nach den schönsten Hundespots der Stadt zu machen, der kann sich einfach den „Dog Tours Hamburg" anschließen. FRED & OTTO hat mit Nadine Rissiek und ihrer Beagle Hündin Petty gesprochen und sich alles über die geführten Hundetouren erklären lassen.

Seit Jahren ein Erfolg: Nadine Rissieks geführte Touren für Hund und Halter.

Frau Rissiek, seit wann sind die „Dog Tours Hamburg" unterwegs?

„Ich bin im Herbst 2008 nach Hamburg gezogen und ein halbes Jahr später endlich Hundehalterin geworden. Es war ein Kindheitstraum von mir einen eigenen Hund zu halten. Als gelernte Bankkauffrau hatte ich während meiner 12jährigen Tätigkeit als Vollzeitangestellte keine Zeit für ein eigenes Tier. Vertriebsmarketing und Eventmanagement bestimmten jahrelang mein Leben. Ein berufsbegleitendes Fernstudium gab dann den Anstoß, endlich den jahrelangen Traum vom Leben in der Großstadt zu verwirklichen."

Petty weiß genau, wo es langgeht in Hamburg.

Wie sind Sie auf die Idee gekommen, Spaziergänge für Hunde und Halter anzubieten?

„Das große Interesse an meiner neuen Wahlheimat und das tägliche Bedürfnis, mit meinem Hund die Grünstreifen der Stadt zu erkunden brachten mich auf die Idee. Ich wollte genau diese schönen, entspannten Touren mitten in der Großstadt auch anderen Hundehaltern anbieten. Dank meiner neuen Freunde, die schon seit Jahren in Hamburg leben oder sogar hier geboren und aufgewachsen sind, machte ich schnell die Erkenntnis, dass nicht nur Touristen etwas über die schöne grüne Stadt am Wasser lernen können."

Was ist denn das Besondere an Ihren Touren? Den Öjendorfer Park finde ich auch ohne Hunde-Tour-Guide.

„Wer hier lebt, kennt doch bestenfalls nur den Stadtteil, in dem er wohnt. Und bei Bedarf fährt man mit dem Auto raus in den Speckgürtel, um mit seinem Hund im Grünen zu laufen. So weit muss man aber gar nicht fahren. Das geht wirklich einfacher, denn auch die Innenstadt und die

stadtnah gelegenen Bezirke bieten tolle Strecken mit viel Grün unter den Pfoten."

In welchen Gebieten können wir Sie mit Ihren Touren in Hamburg treffen?
Die Touren sind sehr unterschiedlich ausgearbeitet. Stadtteile in der City wie St. Georg oder Rotherbaum bieten natürlich auch Grünflächen. Hier werden die Touren aber vornehmlich durch die vielen Gerüche aus den Lokalen, Geschäften und Hauseingängen sowie einem Besuch in einem aufregenden Hunde-Shop bestimmt. An der Elbe, am Alsterlauf, in der Stellinger Schweiz oder auch im Eichtal bestimmen Freilauf und unbeschwertes Rudelleben den Tourverlauf."

Wie viele Teilnehmer nehmen Sie mit auf so eine Hunde-Runde?
„Wenn wir mindestens sechs Hund-Mensch-Teams sind, geht es los. Maximal können zwölf Teams gemeinsam eine Tour erleben. Dabei dürfen wohl erzogene Trios oder Quartette selbstverständlich auch ohne zusätzliche Menschen mitlaufen."

Verraten Sie doch mal, nach welchen Kriterien Sie Ihre Touren ausarbeiten?
„Die Touren beginnen immer auf einer Freilauffläche. Es ist wichtig, dass die Vierbeiner sich ohne Leine beschnüffeln und vielleicht auch schon ein wenig toben können. Danach geht es auf so viel Grün wie möglich weiter. Mal im Freilauf, mal streckenweise an der Leine. Sollte die Tour ausschließlich an der Leine erfolgen, gibt es immer eine grüne Wiese unterwegs, die wir anlaufen.

Und wie sieht es mit der Verpflegung für Hund und Halter unterwegs aus?
„Bei jeder Tour kehren wir natürlich auch in einem Lokal ein, in dem wir als Hundehalter auch nass und dreckig gern gesehene Gäste sind. Hier entscheidet jeder Teilnehmer selbst, ob er nur etwas Trinken möchte, Kaffee und Kuchen oder ein warmes Essen genießen möchte."

Wie lange dauern Ihre Touren?
„Wir haben immer viel Zeit zum Klönen und Schnacken eingeplant. Jede Tour dauert so ungefähr vier Stunden inklusive der Pause."

Nehmen Sie jeden Hund mit?
„Generell kann bei mir jeder Hund mitlaufen, der wohlerzogen und freundlich zu seinen Artgenossen ist. Wenn wir Listenhunde dabeihaben, muss ich allerdings wegen der Gesetzeslage in Hamburg auf Leine und Maulkorb bestehen. So wie es ja überall in Hamburg Pflicht ist."

Gibt es bestimmte Voraussetzungen, die Hund und Halter mitbringen müssen?
„Hund und Halter sollten miteinander kommunizieren können. Dabei geht es nicht um perfekten Gehorsam. Ein gutes Miteinander ist gewünscht. Wir wollen weder unterwegs mit Radfahrern oder Joggern Probleme bekommen, noch wollen wir rüpelhaftes Verhalten innerhalb der Meute erleben. Meistens ist es so, dass die Meute selbst sehr schnell und ohne Probleme zueinander findet. Meine Petty geht als Chefin der ganzen Veranstaltung generell voran. Sie kennt die Wege. Die hat sie schließlich schon persönlich getestet und sie

lässt sich nur ungern die Leitung entziehen. Manchmal hat sie auch eine entspannte Begleitung an der Spitze. Und hin und wieder haben wir sogar einen Hütehund in der Gruppe. Der genießt dann Funktion des ‚Eintreibers'. Falls mal einer der Vierbeiner ein bisschen den Anschluss verpassen sollte. Auch die ruhigen Gemüter kommen bei uns auf ihre Kosten. Die können wunderbar an den Füßen ihres Herrchens oder Frauchens laufen und finden dort genau die Ruhe, die sie bevorzugen."

Was kostet der Spaziergang für mich und meinen Hund?

„Wir bieten offene Touren für Jedermann und Hund an. Da zahlt jedes Lebewesen 6 Euro. Wenn wir von einer ganzen Gruppe gebucht werden, stimmen wir die Preise für die Touren individuell ab. Wenn die sich schon von anderen Aktivitäten, wie zum Beispiel von der Hundeschule kennen, können mehr als ein Dutzend Teams an so einer Tour teilnehmen.

Gibt es Routen, die Sie nicht anbieten würden?

Nein! Als hauptberufliche Marketing- und Eventmanagerin gibt es für mich keinen Wunsch, den ich nicht kreativ erfüllen kann. Selbstverständlich werden auch Wunschstrecken von uns gern neu ausgearbeitet."

Richtet sich Ihr Angebot eher an Hamburger oder sprechen Sie auch Touristen an?

„Das Angebot ist für alle Hunde und Halter interessant. In meiner Funktion als Tourguide habe ich immer etwas zu erzählen, das selbst gebürtige Hamburger noch nicht kennen. Und generell geht es bei ‚Dog-Tours-Hamburg' ja um den Austausch untereinander, den gemeinsamen Weg und das gemeinschaftliche Erlebnis. Deshalb bieten wir keine speziellen Touren für Touristen an."

Sie sind ja nun schon einige Jahre unterwegs. Was war denn Ihr lustigstes Erlebnis?

„Zu Beginn einer Tour habe ich alle Teilnehmer darüber informiert, dass wir an einem sehr moderigen, schlammigen Bachlauf entlang laufen würden. Kurz vorher habe ich meine Truppe daran noch einmal ausdrücklich erinnert. Alle Teilnehmer waren besonders aufmerksam. Außer ein paar Antäuschungsmanövern des einen oder anderen Schelms ist nichts weiter passiert. Nur meine schicke Cappucino-Farbene Beagle Hündin Petty tauchte plötzlich neben meinen Füßen auf. Sie sah nicht nur aus wie eine ‚Pottsau', sie hat auch eine Fahne wie ein Stinktier hinter sich hergezogen. Natürlich wussten alle Teilnehmer schon zu Beginn der Tour, dass wir anschließend noch eine lange Fahrt mit den öffentlichen Verkehrsmitteln vor uns hatten. Das hat für jede Menge Schadenfreude gesorgt."

Dog Tours Hamburg

Erlebnistouren für Hund und Mensch
Nadine Rissiek
Tel.: 040 - 5896 7641
Mobil: 0171 -1776 349
Mail: info@dogtourshamburg.de
Web: www.dogtourshamburg.de

„Ein Hund will mitdenken"

Beschäftigungstipps für den täglichen Umgang mit dem Hund

„Hamburg ist nicht unbedingt die hundefreundlichste Stadt, die ich mir vorstellen kann", sagt Britta Karsch. Frau Hoppenstedt, eine Labradormixdame, grunzt unter dem Tisch wie zur Bestätigung. „Ich kann mich mit meinem Hund nur darum bemühen, dass die Menschen die mir beim täglichen Spazierengehen entgegenkommen, ein besseres Gefühl für Hunde und die Situationen mit Hund bekommen. Rücksichtnahme gehört für mich auch dazu. Wenn ich das Gefühl habe, jemand hat Angst oder ist unsicher, dann rufe ich meinen Hund ran und sie geht bei Fuß. Und das Entfernen der Hinterlassenschaften sollte übrigens für jeden Hundebesitzer eine Selbstverständlichkeit sein", erzählt die Inhaberin der „Tierbar", einem kleinen Geschäft für Tierbedarf im Hamburger Stadtteil Hoheluft. Die Hoheluft ist einer der am dichtesten besiedelten Stadtteile Deutschlands. Mit vielen Kindern, alten Leuten und natürlich auch Menschen, die Hunden gegenüber nicht unbedingt positiv eingestellt sind. Wie schafft man es also in dieser Gemengelage nicht nur seinen Mitmenschen, sondern vor allem auch dem eigenen Hund gerecht zu werden? Natürlich sagt jeder Hundebesitzer von sich selbst, dass er nicht zu der Sorte von Gassigehern gehört, die den eigenen Vierbeiner an der bequemen Fünfmeterflexileine nur zweimal pro Tag um den Block hinter sich her zieht. Mindestens zwei Stunden Auslauf, wenn möglich auch ein bisschen Freilauf mit seinen Kumpeln. Und selbstverständlich werden auch alle Tipps aus der Hundeschule berücksichtigt, damit der eigene Hund glücklich und zufrieden ist und die hundelosen Mitmenschen beim Anblick eines Vierbeiners ruhig und gelassen bleiben.

Man muss ja nicht immer gleich raus ins Grüne

Britta Karsch und ihre Kollegin Birgit Rogge kennen einige Möglichkeiten, den täglichen Spaziergang zu einem kleinen Erlebnis für den eigenen vierbeinigen Freund machen. „Du musst nicht immer sofort raus ins Grüne oder auf den Hundeplatz fahren. Hier bei uns um die Ecke haben wir das Glück, dass im Bogenstraßenpark eine Freilaufzone ist und sich der Hund im Sommer sogar im Isebekkanal abkühlen kann." Selbst an der Leine kann man einen Hund auf Mauervorsprüngen balancieren lassen oder ihm den Slalom um Straßenpoller beibringen. Birgit Rogge weißt darauf hin, dass für viele Hunde aber schon der Grundgehorsam in der Stadt eine enorme Herausforderung ist. „Konzentration und

Immer nur Bällchen schmeißen ist langweilig.

Impulskontrolle: Das hört sich eher theoretisch an, ist aber enorm wichtig, wenn Du mit einem Hund in der Stadt unterwegs bist. Der Platz vorm Falkenriedquartier bietet sich da ideal an. Kein fließender Verkehr drumherum und in der Mitte eine Bank, an der Hund absitzen muss. Du entfernst Dich dann und rufst Deinen Hund mit einem eingebauten Stopp. Bleibt er sitzen? Kommt er trotz des Kommandos, anhalten zu müssen?" Auch für die täglichen Probleme beim Gassigehen können Hunde durchaus selbst mal eine Lösung finden. Wie man hinter einem Zaun wieder hervorkommt, den der Hund fünf Meter zuvor an einer anderen Stelle durchquert hat: Das ist eine kognitive Leistung, die so manchen Hund durchaus fordert. „Was ich nicht machen würde, ist dieses unkontrollierte Bällchen werfen. In der Stadt natürlich sowieso nicht, aber auch auf den Freilaufwiesen oder draußen an der Elbe", ergänzt Britta Karsch.

Immer nur den Ball werfen ist langweilig

Ballspiele machen eher Sinn, wenn sie mit dem Kommando verbunden sind, zu warten, bis der Ball oder ein Stock oder auch eine Kastanie gelandet sind. „Versteckt doch den eigenen Ball einfach mal, anstatt ihn zu werfen. Wartet ein bisschen ab und dann lasst Ihr den Hund mal suchen. Die werden nämlich gerne gefordert." Auch sich selbst zu verstecken, zum Beispiel beim Spazier-

gang durch den Wald oder den Park, ist ein schönes Spiel. Aus einem verwirrten und zunächst orientierungslosen Spiel kann schnell ein professionelles Finden werden. In der Stadt ist das natürlich schwierig. Da bietet es sich an, einen Futterdummy dabei zu haben. In den packt man das Frühstück oder Abendessen des Vierbeiners und er muss es sich erarbeiten. Zum Beispiel durch apportieren, suchen-finden-und-bringen. Oder er darf als Belohnung für erfolgten Rückruf und andere ausgeführte Befehle sich aus dem Futterdummy bedienen. „Das Erarbeiten ihres Futter motiviert viele Hunde ganz enorm und macht die Mahlzeit zum Erlebnis", berichtet Britta Karsch. Für den Einsatz eines

Futterdummies bereiten Freude

Futterdummies gibt es viele Möglichkeiten und am Ende herrscht beim Hund große Freude. Bei den Hundebesitzern natürlich auch. Wie man mit einem Futterdummy den Spaziergang aufregender macht oder die „Freiverlorensuche" aufbaut, kann man in zahlreichen Büchern nachlesen. Wer einen eigenen Garten hat, kann seinen Hund auch longieren. Das ist eine intensive aber zeitsparende Beschäftigung. Was im Reitsport seit jeher mit Erfolg angewandt wird, entpuppt sich bei genauerer Betrachtung auch bei Hunden als eine perfekte Möglichkeit, die körpersprachliche Kommunikation zwischen Hund und Halter zu verbessern. Und dann gibt es ja immer noch die Möglichkeit, den Hund am Fahrrad zu fordern. Das funktioniert natürlich nur dann, wenn die Grundkommandos sicher sitzen. Vor allem ein sicheres Stopp aus allen Geschwindigkeiten und ein perfekter Rückruf. „Wenn das klappt", so Britta Karsch, „ist das echt cool zu sehen, wie der Hund in seinem typischen Trab neben dem Rad herläuft und sich endlich mal nicht dem langsamen Tempo seines Herrchen anpassen muss." Hoher Zufriedenheitsfaktor im Anschluss inklusive. (Holger Wetzel & Tanja Matzku)

„Die Top 3 für zu Hause"

Suchspiele aller Art
Für Anregungen gibt es ausreichend Literatur. Man kann einfache Spiele mit Futter aufbauen, sich mit anderen Gerüchen steigern, Spielzeuge suchen lassen und dem Hund Hütchenspiele beibringen. (Unter welchem Hütchen ist die Wurst).

Tricks kleinschrittig aufbauen
Jede Art von Denksport lastet den Hund aus. Komplizierte Tricks langsam aufzubauen, macht Spaß. Lassen Sie Ihren Hund sein Hundespielzeug selber wieder in die Kiste legen. Dazu muss er allerdings auf Kommando etwas nehmen, tragen, ausgeben und Richtungen verstehen können. Lassen Sie ihn die Tür schließen - wahlweise mit Pfote oder Schnauze oder ein Leckerli auf der Nase balancieren und dann fangen. Es gibt einige Trickbücher, die dabei helfen.

Problemlösungen
Was macht der Hund mit dem rohen Ei? Was macht er mit dem Stückchen Wurst im Wasser? Was macht er, wenn sich ein zu suchender Gegenstand oder sein Futter außerhalb seiner Reichweite befindet? Was macht er, wenn sich das Futter in einem geschlossenen Pappkarton befindet?

„Mobil mit Hund zwischen Alster und Elbe"
Bus, Bahn, Fähre in der Stadt

Auch wenn in Hamburg ein sehr strenges Hundegesetz herrscht - in einem Punkt sind die Hansestädter sehr großzügig: Hunde dürfen in den Hamburger U- und S-Bahnen, in allen Bussen und auf den Hafenfähren kostenlos mitfahren. HVV-Pressesprecher Rainer Vohl erklärt, warum ein Hund in Hamburg keine Fahrkarte lösen muss: „Ein Hund ist ja rein rechtlich gesehen eine Sache. Und da Sie bei uns ja auch z. B. ein Fahrrad kostenlos mitnehmen können, darf auch Ihr Hund bei uns mitfahren, ohne dass Sie extra dafür bezahlen müssen." Diese Regelung gilt in Hamburg schon seit 1971. Damals wurden die Fahrpreise um 21 Prozent angehoben. Und mit der gleichzeitig eingeführten kostenlosen Hundebeförderung wollte man seinerzeit wohl etwas Positives vermelden. Grundsätzlich gilt für alle Hunde in den öffentlichen Verkehrsmitteln sowie an den Haltestellen eine generelle Leinenpflicht. Die vom Hamburger Hundegesetz als gefährlich eingestuften Hunde (Pitbull Terrier, American Staffordshire Terrier und Bullterrier) dürfen nicht mitfahren. Hunde, bei denen eine „Gefährlichkeit nach § 2 des Hamburger Hundegesetzes" vermutet wird, müssen einen Maulkorb tragen. Und natürlich gilt für alle Hunde: nicht auf den Sitzplatz springen.

Mit der Bahn ins Umland:

Im Regional- und Fernverkehr gelten andere Regeln. Bei der „Metronom" Gesellschaft, die von Hamburg nach Bremen, Cuxhaven, Göttingen und Hannover fährt, bei der Nord-Ost-See-Bahn zwischen Hamburg und den Nordfriesischen Inseln und bei der deutschen Bahn dürfen kleine Hunde kostenlos mitfahren, wenn sie in einem geschlossenen Behältnis transportiert werden und nicht mehr Platz als ein Stück Handgepäck benötigen. Hunde, die aufgrund ihrer Größe nicht in einer Transportbox untergebracht werden können, müssen angeleint sein und einen Maulkorb tragen. Sie benötigen bei allen Gesellschaften eine Fahrkarte zum halben Preis bzw. gelten bei der Mitreise auf dem Niedersachsen-Ticket, dem Schönes-Wochenende-Ticket und dem Quer-durchs-Land-Ticket als eine erwachsene Person. In der Nord-Ostsee-Bahn wird aus dem Hund ein fahrkartenpflichtiger Hund zum Erwachsenen-Preis, wenn der Hundebesitzer mit dem Schleswig-Holstein-Ticket, dem Sylt-Mobil und dem Schö-

nes-Wochenende-Ticket unterwegs ist. Bei der Deutschen Bahn wird die Mitnahme eines Hundes so geregelt: ein großer Hund zahlt den halben Preis des Tickets für einen Erwachsenen. Beim Länder-Ticket müssen die Hunde den vollen Fahrpreis eines Erwachsenen bezahlen. Bei Bahnfahrten ins Ausland zahlen Hundehalter für Ihren Liebsten den Kinderfahrpreis für die zweite Klasse.

Hund und Drahtesel

Auch wenn sich der Sommer in Hamburg manchmal etwas rar macht: Kommt die Sonne dann doch mal raus, schnappt sich der Hunde liebende Hanseat sein Rad und fährt ins Grüne. Den Hund nebenher laufen zu lassen, erfordert sowohl vom Fahrradfahrer als auch vom Hund Übung und Disziplin. Vielleicht ist ein Fahrradkorb bei kleineren Hunden oder ein Fahrrad-Anhänger bei Größeren eine Alternative. Aber auch hier muss man aufpassen und die Hunde gut sichern. Denn, so die Hamburger Polizei: Ein Hund darf auf dem Rad oder in einem Anhänger mitgenommen werden, solange er den Verkehr nicht behindert. Außerdem muss eine Selbst- und Fremdgefährdung ausgeschlossen werden.

Taxi und Car-Sharing

In Hamburg gibt es eine große Auswahl an Car-Sharing Angeboten. Bei „flinkster" und bei „Cambio" dürfen Hunde mitfahren. „Citee" und „car 2 go" wollen keine Hunde im Auto haben. Und der in Hamburg relativ

Wohin mit FRED und OTTO?
...ab zu *Hundewohl* Training & Betreuung

Qualifiziertes Training und professionelle Betreuung in hundegerechter In- und Outdooranlage.
Mehr Infos unter www.hundewohl.com oder Tel. 0178- 4121566

neue Carsharing-Anbieter „Greenwheels" erklärt auf Anfrage: „Bedauerlicherweise mussten wir die Erfahrung machen, dass manche Tierhalter Spuren ihrer Lieblinge nicht aus den Greenwheels-Fahrzeugen entfernten. Nachfolgende Kunden fühlten sich dadurch belästigt. Deswegen ist dieses Verbot unumgänglich." Bei den Hamburger Taxis ist die Situation auf dem Papier entspannt: Jeder Taxler in der Hansestadt ist verpflichtet, einen Hund mitzunehmen. Natürlich wird dabei davon ausgegangen, dass es sich hier nicht um einen Neufundländer handelt, der gerade aus der Alster gestiegen ist oder sich im schlammigen Nikolaifleet gewälzt hat. Die Praxis zeigt allerdings, dass plötzlich viele Taxifahrer an einer Hundeallergie leiden oder aus religiösen Gründen keinen Hund im Wagen befördern wollen. Bei einem Blitztest am Hamburger Hauptbahnhof wollten von 40 versammelten und abfahrbereiten Taxis gerade mal drei (!) einen Fahrgast mit frisch frisiertem Parson Jack Russel Terrier mitnehmen. Beim Anruf in der Taxizentrale wurde uns mitgeteilt, „dass das eigentlich nicht in Ordnung ist, man aber darauf Rücksicht nehmen müsse, dass der eine oder andere Fahrer an einer Allergie leide." Fazit: Wer in Hamburg mit dem Hund ins Taxi steigen möchte, ruft am besten über die unterschiedlichen Servicenummern einen Wagen und sagt bereits bei der Bestellung, dass ein Hund mit dabei ist. Dann wird ein Kombi geschickt, bei dem der Hund bequem im Kofferraum mitfahren kann.

Auf zwei Beinen und vier Pfoten

Besonders die Hamburger Innenstadt mit Fleeten, überdachten Passagen und der

Albert fährt lieber Bahn als Bus. Kostet in Hamburg beides nix.

Binnenalster lädt zum Flanieren und Bummeln ein. Natürlich müssen Hunde hier - schon aus eigenem Interesse - an der kurzen Leine geführt werden. Und egal, wo Sie mit Ihrem Hund zwischen Alster und Elbe unterwegs sind: Als Hundehalter müssen Sie den Hundekot Ihres Hundes aufsammeln und in einer Plastiktüte entsorgen. Und die Plastiktüte nicht einfach auf dem Bürgersteig oder neben dem Mülleimer liegen lassen, sondern in den roten Mülltonnen beseitigen. In vielen Hamburger Grünanlagen und auf zahlreichen Hundewiesen stehen dafür Tütenspender. Zur Not tut es natürlich auch jede andere Plastiktüte. Denn wer einen Hundehaufen einfach liegenlässt und dabei von einem „Bürgernahen Beamten" erwischt wird, muss mit einem Bußgeld rechnen.

„Eine Verbindung auf Augenhöhe"

Die besten Strategien für den Streitfall mit Hund

So ziemlich jeder Hundebesitzer kennt diesen Satz: „Nehmen Sie Ihren dämlichen Köter da weg!" So oder in ähnlicher Form gehört er sicherlich noch zu den harmloseren Ausfällen, die uns manchmal an den Kopf geworfen werden. Ob beim täglichen Gassigehen im Viertel, beim Joggen durch den Stadtpark oder am Wochenende am Elbstrand: Wo Hundebesitzer und Nichthundebesitzer aufeinander treffen, sind Konflikte leider nicht immer zu vermeiden. Um Konflikte zwischen Hundebesitzern und Nichthundebesitzern zu vermeiden, sollten beide Seiten Rücksicht aufeinander nehmen. Hundebesitzer sollten darauf achten, ihren Hund unter Kontrolle zu haben, die Hinterlassenschaften des Hundes nicht liegen zu lassen und dass ihr Hund niemanden belästigt. Im Gegenzug sollten Nichthundebesitzer nicht auf der ausgewiesenen Hundewiese picknicken und sich dann über die freilaufenden Hunde aufregen!

Kommt es trotzdem zu einer Auseinandersetzung, empfiehlt die Hamburger Hundetrainerin Sophia Börger von „Hansedogs" ein paar ganz einfache Strategien, um wieder Herr der Lage zu werden.

1. Schritt

„Ich rate Ihnen, sich ernsthaft bei Ihrem Gegenüber zu entschuldigen, wenn es dafür einen Grund gibt. Was Sie sagen ist gar nicht mal so wichtig. Hauptsache der verärgerte Nichthundebesitzer kauft Ihnen Ihre Entschuldigung ab. Und wenn Ihr Hund an das Bobby-Car seiner Tochter gepinkelt hat, hat er ja schließlich auch jedes Recht, sich aufzuregen. Auch möchte nicht jeder Mensch von Ihrem Hund freudig begrüßt werden. Vielleicht mag der ja einfach keine Hunde. Achten Sie dann - auch, wenn es im ersten Moment schwer fällt - auf eine positive Körpersprache. Verkneifen Sie sich allzu flotte Sprüche, um die Situation in den Griff zu kriegen. Schalten Sie einen Gang herunter und versuchen Sie, sich kurz mal in die Lage dieses sich ärgernden Menschen hineinzuversetzen. Versuchen Sie, ihm freundlich in die Augen zu schauen. Sie müssen ja nicht gleich das Büßerhemd aus dem Schrank holen."

2. Schritt

Meistens reicht der erste Schritt, um den Streitfall in diesem Moment zu beenden.

Falls Sie mit Ihrer Entschuldigung nicht weiterkommen, geben Sie Ihrem Konfliktpartner einfach Recht. Damit wird er nicht rechnen und Ihnen bricht wirklich kein Zacken aus der Krone, kleinbeizugeben. So einfach nehmen Sie einer streitbaren Zufallsbekanntschaft beim Gassigehen den Wind aus den Segeln. Ein kleines bisschen Einfühlungsvermögen, ein freundlicher Satz, dass Sie in einer ähnlichen Situation schon einmal ganz genauso reagiert haben, wird in den meisten Fällen als entschärfende Geste interpretiert. Zwischen den Konfliktparteien entsteht eine Art von „Verbindung auf Augenhöhe", die Respekt und Achtung signalisiert.

3. Schritt

Wenn es ganz dumm läuft, sind Sie an einen Menschen geraten, der vielleicht gar keine Lust hat, den Konflikt - aus welchen Gründen auch immer - beizulegen. Dann ist es durchaus okay von Ihnen, den Ort des Geschehens mit einem kurzen „nun gut" oder „na dann" zu verlassen. Denn wenn Sie mehrmals vergeblich ernsthaft um Entschuldigung gebeten und sich einfühlend gezeigt haben, Ihr Gegenüber trotzdem aufgebracht bleiben möchte, haben Sie alles Recht der Welt, den Streit nicht weiterzuführen. Warum? Ganz einfach: Weil Ihr Konfliktpartner nicht anzeigt, dass er an einer Beilegung des Streits interessiert ist. Denn eines ist ja klar: Kommunikation ist keine Einbahnstraße. Da dürfen schon beide mitmachen.

Sophia Börger und Pebbles raten, sich immer auf Augenhöhe zu begegnen.

Hansedogs

Sophia Börger
Tel.: 0171-4606767
Mail: hansedogs@gmx.de
Web: http://sophia_boerger.united-dogwalkers.com

„Er liest und schreibt Leserbriefe"

Susanne David, Leiterin der Hundeschule im Hamburger Tierschutzverein von 1841 e. V., beantwortet die Frage, wie viel Auslauf ein Hund benötigt.

Gibt es Hunde, die gar keinen Auslauf brauchen?

„Nein. Alle Hunde, auch die niedlichsten Schoßhündchen, sind von Haus aus Lauftiere. Sie sind für lange Erkundungsausflüge und schnelle Verfolgungsjagden ausgerüstet. Ein Hund, der nicht gern läuft, ist krank."

Welche Rassen brauchen am wenigsten Auslauf?

Viel Auslauf brauchen die ‚Haus-, Hof- und Wachhunde': Pinscher, Schnauzer und Terrier. Die doggenartigen Hunde vom Mops aufwärts sowie die Hirten- und Sennenhunde. Sehr viel Auslauf brauchen alle Schäferhunde, Jagdhunde, Schlitten- und Windhunde. Sonst werden sie krank oder machen sich bei der erstmöglichen Gelegenheit davon. Und vergessen Sie nicht. Auch Pudel und Dackel sind Jagdhunde."

Reicht die Bewegung in einem großen Garten?

„Nur für Haus-, Hof und Wachhunde. Dann sollte Ihr Garten aber auch der Größe des Hundes angemessen sein, so dass er ungestört einen Kurzsprint ansetzen und ohne Gefahr abbremsen kann. Einen täglichen Spaziergang in die ‚weite Welt' außerhalb der Grundstückshecke brauchen die Hunde trotzdem. Sonst werden sie Einsiedler und unglücklich."

Ist freies Laufen ohne Leine wichtig?

„Ja, denn nur freilaufend kann der Hund seine Umwelt erkunden, sie kennenlernen und ohne Probleme einordnen. Natürlich ist das in der Stadt mit ihrem Straßenverkehr und den städtischen Verordnungen fast unmöglich. Hundehalter sollten sich also am besten eine lange Leine kaufen und immer daran denken: Brav bei Fuß geradeaus zu gehen ist keine artgerechte Bewegung für einen Hund."

Wie oft am Tag muss man „Gassi-Gehen"?

„Sie müssen mindestens vier Mal täglich mit Ihrem Hund an die frische Luft und dabei insgesamt mindestens zwei Stunden Zeit aufwenden. Auch wenn es draußen ungemütlich ist, und Sie selbst eigentlich gar keine Lust auf einen Spaziergang haben."

Schadet der tägliche Lauf neben dem Fahrrad?

„Nein, der schadet nicht, wenn Sie Ihrem Hund das Laufen am Rad früh beibringen, wenn Sie die Geschwindigkeit auf ihn abstimmen und ihn dabei möglichst viel frei laufen lassen. Das ist häufig die einzige Art, großen und bewegungsfreudigen Hunden den Auslauf zu bieten, den sie benötigen. Dackel und Bernhardiner gehören jedenfalls nichts ans Fahrrad."

Kann man einen Hund auch überanstrengen?

„Und ob. Junge Hunde fühlen sich meist stabiler und kräftiger als sie sind. Ältere sind häufig zu nett zum Protestieren. Zu jeder sportlichen Leistung gehören ein ausgewachsener, gesunder Körper, viel Übung und die richtige Motivation. Von jungen Hunden, alten Hunden, Hunden mit vollem Magen und von Hunden, die das nicht durch ein tägliches Training gewöhnt sind, sollte man nie sportliche Höchstleistungen abfordern."

Susanne David

Soll auch ein Hund an heißen Tagen kürzer treten?

„Ja. Hunde schwitzen nur über die Zunge und verschaffen sich so Abkühlung. Sie sind wesentlich hitzeempfindlicher, als dass sie mit Kälte ein Problem haben. Je kürzer die Schnauze ist, desto hitzeempfindlicher ist der Hund."

Muss jeder Hund täglich toben?

„Jeder Hund braucht eine tägliche ‚Tobestunde', auch wenn die nur zehn Minuten dauert."

Sollte man die Spaziergang-Route hin und wieder mal ändern?

„Spazierengehen ist für Hunde wie ‚Zeitung lesen'. Aber Hunde lesen nicht nur, sie schreiben auch tägliche ‚Leserbriefe'. Und dann wollen sie wissen, was auf ihre ‚Botschaft' für Antworten gekommen sind. Sie sollten die Routen also nicht ständig ändern."

Sollte jeder Hund schwimmen?

„Jeder Hund kann - zur Not - schwimmen. Er muss das nicht lernen. Aber nicht jeder Hund mag Wasser. Einen ‚wasserscheuen' Hund ins ungeliebte Nass zu treiben oder ihn gar ins Wasser zu werfen, ist Tierquälerei."

Wo sollte der Hundebesitzer mit seinem Hund spazieren gehen?

„Sie können überall dort mit Ihrem Hund spazieren gehen, wo er in seinem ihm angeborenen Zick-Zack-Trab und in Ruhe seine Umwelt erkunden kann. Hunde haben ja ein viel empfindlicheres Sinnessystem als wir Menschen. Sie leiden deshalb auch viel mehr an Reizüberflutung und schalten ihre Wahrnehmungsfunktionen dann ganz ab. Meiden Sie also Ihrem Hund zuliebe die lauten Innenstädte, die Skateboardfahrer und hastige Menschen. Ein reizüberfluteter Hund kann nichts mehr wahrnehmen. Unter Umständen auch kein lebensrettendes ‚Halt' Kommando."

„Vierbeiner auf vier Rädern"

Für wie viel Sicherheit sorgen Trenngitter, Hundeboxen und Gurte im Auto?

Auch wenn es in Hamburg wirklich schön ist, zieht es wohl fast jeden Hundebesitzer irgendwann einmal raus aus der Stadt. Holsteinische Schweiz oder Wilster Marsch, Lüneburger Heide oder gleich ab an die Nordseeküste. Der Vierbeiner kommt dann in den Kofferraum und ab geht's. Wir haben uns gefragt: Was kann man eigentlich in puncto Sicherheit tun, wenn es im Auto raus ins Grüne geht?

Soviel ist auf jeden Fall sicher: Spezielle gesetzliche Regelungen – beispielsweise eine Anschnallpflicht für Hunde – gibt es nicht. „Hunde werden beim Transport von Fahrzeugen als Ladung angesehen", erklärt der TÜV-Sachverständige Alois Decker. „Und grundsätzlich", so der Sicherheitsexperte, „ist der Fahrzeugführer für die Sicherung von Ladung und auch Passagieren verantwortlich". Eine Umfrage des Allianz Zentrum für Technik (AZT) offenbart jedoch, dass 78 Prozent der Hundehalter ihre Hunde ungesichert in Pkw-Limousinen transportieren. Viele sogar unangeschnallt auf dem Beifahrersitz. 60 Prozent der Kombi- Fahrzeuge verfügen immerhin über Sicherheitssysteme wie Trenngitter oder Hundebox.

Klar sollte sein, dass Hunde während einer Fahrt weder durch lose Gepäckstücke verletzt, noch im Falle einer Notbremsung durch das Auto oder gar die Windschutzscheibe geschleudert werden dürfen. Dabei muss es gar nicht immer erst zum Äußersten kommen. Ungesicherte Hunde werden schon bei scharfen Kurven einem hohen Verletzungsrisiko ausgesetzt. Einmal scharf rechts abgebogen und Herrchens Liebling rammt sich unvorbereitet den Kopf am linken Seitenfenster. Und selbst wenn ein Unfall glimpflich abgelaufen ist, droht Gefahr. Beim Öffnen einer Autotür – oder im Falle einer zertrümmerten Fensterscheibe – muss gewährleistet sein, dass der Hund nicht eigenmächtig auf die Fahrbahn springen kann. Nicht selten verursachen freilaufende Hunde auf der Fahrbahn katastrophale Kettenreaktionen mit unabsehbaren Folgen. Ebenso wichtig: Bei allen Vorsichtsmaßnahmen darf die Sicherheit von Hunden nicht zulasten eines artgerechten Transportes gehen. Genügend Luft zum Atmen und Platz zum Sitzen bzw. Schlafen sollten bei Autofahrten mit Hund eine Selbstverständlichkeit sein.

Es gibt verschiedene Sicherheits- und Schutzsysteme, die die Mitnahme von Hunden bequem und sicher machen. Hier hat man die Qual der Wahl: festinstallierte oder transportable Boxen? Trenngitter

Vario Cage Hundebox

oder Sicherheitsgurte? Reicht nicht auch eine einfache Schutzdecke?

Hundebox

Am teuersten in der Anschaffung ist die fest installierte Hundebox im Koffer- bzw. Lade- raum des Autos. Für den hohen Preis von bis zu 500 Euro erkauft man sich jedoch für Tier und Mensch die wohl größte Sicherheit, vorausgesetzt die Befestigung der Box erfolgt fachgerecht. Vertrieben werden die Boxen als Standardmodelle mit unterschiedlichen Höhenabmessungen, aber auch als Sonderanfertigungen. Die Boxen bieten aus- reichend Platz für den Hund und sind durch die Metallverarbeitung (Stahl oder Alumini- um) besonders stabil. Im Falle eines Unfalls sind die Hunde vor umfallenden Gepäckstücken geschützt, bei Vollbremsungen werden sie nicht durch das Auto geschleudert. Die Stabilität der Boxen wird durch eine zusätzliche Fixierung im Auto gewährleistet. Darüber hinaus wird der direkte Kontakt zwischen Mitfahrern und Hund unterbunden. Der Nachteil der Boxen ist, dass sie sehr viel Platz einnehmen und nicht in allen Autos installieren werden können (lediglich in Kombimodellen

Eine transportable Hundebox der Firma Petmate (Vari Kennel Ultra Fashion Flugbox Transportbox). Erhältlich u. a. bei Land of Dogs (www.landofdogs.de).

und anderen Großraumfahrzeugen wie z. B. Wohnmobilen). Darüber hinaus benötigen Hunde in der Regel eine gewisse Eingewöhnungszeit, bis sie in den Boxen freiwillig Platz nehmen.

Eine günstigere Alternative für kleinere Hunde ist die transportable Box. Ist sie ordnungsgemäß im Auto fixiert (durch Sicherheitsgurte oder eine Platzierung im Fußraum hinter den Vordersitzen), kann sie einen ebenso effektiven Schutz bieten wie die fest installierte Box. Voraussetzung dafür ist jedoch, dass sie aus besonders stabilem Material wie z. B. Aluminium gefertigt sind. Da die transportablen Boxen auch außerhalb des Autos angewandt werden können, fällt die Gewöhnung der Hunde an die Boxen in der Regel leichter.

Trenngitter und Sicherheitsnetze

Trenngitter und Sicherheitsnetze können sowohl in Kombis als auch in Schräghecklimousinen zwischen Lade- bzw. Kofferraum und Rücksitzen angebracht werden. Die Gitter bzw. Netze sollten vom Dachbereich bis zum Boden reichen. Das A und O von Trenn- gittern und Sicherheitsnetzen ist eine stabile Fixierung. Der Vorteil von Trenngittern und Sicherheitsnetzen ist, dass eine Trennung zwischen Mitfahrern und Hund gewährleistet ist. Bei großen Kofferräumen kann jedoch der Abstand zwischen Hund und Gitter zu groß sein, so dass dennoch eine Verletzungsgefahr für den Hund besteht. Befinden sich im Koffer- bzw. Laderaum zusätzliche Gepäckstücke, stellen diese eine zusätzliche Gefahrenquelle dar. Die Kosten für Trenn-

gitter und Sicherheitsnetze liegen zwischen 150 und 350 Euro.

Hunde-Sicherheitsgurte

Gurte nehmen wenig Platz ein und können schnell um den Hund geschnallt werden. Die Gurte haben den gleichen Schutzeffekt wie bei Menschen. Bei korrekter Anwendung besteht im Falle eines Unfalls keine Gefahr, dass die Hunde durch das Auto katapultiert werden. Ein Hunde-Sicherheitsgurt erfüllt jedoch nur dann seine Schutzwirkung, wenn es sich um breite und ge-

Sicherheitsgurt

polsterte Gurte handelt. Diese reduzieren im Falle eines Unfalls einerseits den Druck auf den Brustkorb. Auf der anderen Seite reißen sie bei extremen Belastungen nicht so schnell wie schmale Gurte. Außerdem muss darauf geachtet werden, dass der Bewegungsfreiraum für den Hund möglichst gering gehalten wird. Im Falle einer Kollision besteht einerseits nicht die Gefahr, dass der Hund trotz Gurt nach vorne geschleudert wird. Anderseits wird verhindert, dass andere

Schutzdecke für das Auto

Mitfahrer durch den Hund getroffen werden. Die Verschlüsse der Sicherheitsgurte sollten nicht aus Kunststoff, sondern aus Metall sein. Ebenso wichtig ist, dass die Gurte beidseitig fixiert werden.

Schutz- bzw. Schondecken

Schutz- und Schondecken dienen ausschließlich dem Schutz des Autos. Um die Sicherheit für Mensch und Tier zu gewährleisten, sollten die Decken mit Sicherheitsgurten kombiniert werden. So verfügen hochwertige Decken über entsprechende Schlitze, durch die der Hundegurt mit den Gurtschlössern verbunden werden kann. Ausgelegt werden die Decken auf der Rücksitzbank des Autos. Eine zusätzliche Fixierung erfolgt an den jeweiligen Kopfstützen der Vordersitze. Die Decken sind feuchtigkeitsabweisend sowie reiß- und abriebfest. Im Handel sind die Decken etwa ab 50 Euro erhältlich.

Feststeht: Keines der vorgestellten Systeme bietet 100-prozentige Sicherheit. Was für den Menschen im Straßenverkehr gilt, ist bei Hunden nicht anders. Selbst die teuerste n, Gurte und Gitter können das Gefahrenpotential im Auto nicht auf Null reduzieren. Jeder Autofahrer sollte sich somit nicht nur der Vor- und Nachteile der Sicherheitssysteme, sondern auch der Verantwortung gegenüber dem Hund, den Mitfahrern und den anderen Verkehrsteilnehmern bewusst sein. Dann steht einem unbekümmerten Ausflug ins Grüne nichts mehr im Wege. (Frank Petrasch)

„Ich muss mal"
Die Hamburger Gassiwiesen und Auslaufgebiete im Test

Es gibt ja glücklicherweise viel mehr gute und bessere Auslaufmöglichkeiten für Hamburger Hunde als die samstägliche Runde im Uhrzeigersinn um die Außenalster oder einen Besuch des überfüllten Elbstrandes rechts und links der Strandperle. Mitten in der Stadt, etwas abseits der ausgetretenen Pfade, für ruhige Momente zum Krafttanken oder mit viel Trubel und Flirtfaktor. Wichtig sollte bei der Auswahl der persönlichen Gassi-Route ja immer der Hund sein. Er steht im Vordergrund, wenn nicht sogar im Mittelpunkt.

Sieben der vielen Möglichkeiten, den eigenen Vierbeiner in der Hansestadt richtig auszupowern, stellen wir hier als Favoriten der FRED & OTTO Redaktion beispielhaft vor. Die Liste mit den fünfzehn besten Auslaufmöglichkeiten folgt im Anschluss daran. Bei diesen Wiesen und Plätzen werden die meisten unserer Kriterien erfüllt. Und die vollständige Liste aller Gassiplätze der Hansestadt inklusive der Bademöglichkeiten für Hunde gibt es am Ende des Buches sowie im Stadtplan.

Beim Test haben wir Wert auf die folgenden Kriterien gelegt:

Größe:
Kann der Hund hier ausgelassen mit anderen Hunden toben? Kann man seinen Ball auch mal weiter als nur „einen Steinwurf" werfen?

Boden:
Ist die Hundewiese Schmuddelwettertauglich oder kann man sie nach einem der vielen Hamburger Regenschauer für die nächsten Tage nur mit Gummistiefeln betreten?

Wasserzugang:
Nicht nur für Hunde wichtig - auch für die Hundehalter, die ihren Stadthund mit ins Büro nehmen und keine Lust auf ein Bad ihres Hundes vor der Arbeit oder in der Mittagspause haben.

Sauberkeit:
Unter diesem Aspekt haben wir mehrere Gesichtspunkten beleuchtet: Kann sich der Hund an zerbrochenem Glas verletzen, liegen Essensreste oder verlockende Lebensmittelverpackungen herum, an denen sich der Magen verdorben werden kann? Wird das Gebüsch nicht nur von Hunden zum Gassi machen genutzt?

Papierkörbe:
Natürlich ist das Vorhandensein von Papierkörben oder Mülleimern ganz wichtig. Wer will schließlich schon den Gassi-Beutel seines Hundes den halben Weg nach Hause tragen?

Sitzgelegenheiten:
Eine Bank ist besonders für die älteren Hundehalter und solche, deren Hunde sehr viel Bewegung brauchen ein wichtiges Thema. Es ist ja nichts Neues, dass Hunde ihrem Bewegungsdrang am besten mit ihren Artgenossen in der Gruppe nachkommen können. Praktisch, wenn man sich dann auf einer Bank ausrzuhen und dem Treiben auf der Wiese zuschauen kann.

Gassibeutel-Station:
Was für FRED & OTTO schon längst eine Selbstverständlichkeit ist, findet sich leider noch lange nicht auf allen Hundewiesen!

Parkplätze:
Das ist ein wichtiger Punkt für die Hundewiesen, die außerhalb liegen und vielleicht schon den Charakter eines Ausflugzieles haben. Selbst wenn die Hundewiese für Hund und Halter noch so optimal ist: Ohne einen Parkplatz in direkter Nähe verliert auch die beste Wiese schnell an Attraktivität.

Verkehr:
Dieses Kriterium betrifft vor allem Hundewiesen in direkter Innenstadtlage. Das ausgelassene Spiel zwischen Hund und Halter kann schnell beengt werden, wenn dauernd ein Auge auf die in „Ballwurf-Nähe" liegende stark befahrene Straße geworfen werden muss.

Beleuchtung:
Ausreichende Laternen bedeuten für uns vor allem einen Sicherheits-Aspekt. Darüber hinaus ist es natürlich auch ein echter Luxus, wenn man in der dunklen Jahreszeit nach einem langen Bürotag noch ein paar Bälle im Schein der Laternen werfen kann.

Gebüsche:
Für manche Hunde sind Gebüsche ein absolutes „Muss". Sie verrichten ihr Geschäft am liebsten geschützt vor den Blicken anderer.

Die 6 Lieblingsauslaufgebiete der Hamburger FRED & OTTO Redaktion

Spadenländer Elbdeich, Tatenberg

Größe
Riesig.
Boden
Meistens trocken, es sei denn, es hat mindestens zwei Wochen am Stück geregnet oder die Elbe ist über die Ufer getreten. Dann ist der Deich feucht und wir empfehlen Gummistiefel.
Wasserzugang
Die Elbe lockt.
Sauberkeit
Bis auf Treibholz oder bei der letzten Elb-Überschwemmung angeschwemmtes Holz und den einen oder anderen Autoreifen im Gebüsch sehr sauber.
Papierkörbe
An den Übergängen zur landseitig am Deich verlaufenden Straße.

Am Spadenländer Elbdeich: Frische Luft, weite Sicht.

Sitzgelegenheiten
Wenn es trocken ist im Gras mit herrlichem Blick in Richtung City.
Gassibeutel-Station
Nein.
Parkplätze
Auf dem Parkplatz der Spadenländer Freiwilligen Feuerwehr oder einen Kilometer weiter in Richtung Ochsenwerder auf dem Parkplatz vom „Goldenen Kringel".
Verkehr
Nur bei schönem Wochenende bevorzugt von Motorrädern stärker frequentierte Straße am Deich.
Beleuchtung
Nein. Nichts für dunkle Abende.
Gebüsche
Ja - aber Vorsicht: Elbauen sind matschig und laden den Hund ein, ein bisschen im Schlamm zu wühlen.
Flirtfaktor 1-10
0

City Nord, Winterhude

Größe
Nicht riesig, aber groß genug, um einen Ball mit Schleuder werfen zu können, ohne, dass der Ball auch nur ansatzweise in Richtung Straße rollt.
Boden
Trocken, auch bei schlechtem Wetter dank gekiester Wege ohne Gummistiefel zu betreten. Die Rasenfläche ist etwas uneben und bei unserem Test hatte der Maulwurf gerade gesteigerte Aktivität an den Tag gelegt.
Wasserzugang
Hier gibt es nur ein für die meiste Zeit des Jahres trockenes Regenrückhaltebecken.

Große Architektur in der City Nord.

Sauberkeit
Alle Jubeljahre wird der Rasen gemäht; den Rest der Zeit laufen Hund und Halter durch eine bunte Blumenwiese. Dank der aufgestellten Mülleimer liegt keinerlei Unrat herum.
Papierkörbe
Ja, es gibt sie - und das in ausreichender Anzahl.
Sitzgelegenheiten
Nein.
Gassibeutel-Station
Nein!
Parkplätze
Ja, montags-freitags zwischen 8 & 18 Uhr allerdings mit Parkschein.
Verkehr
Die Sengelmannstraße ist tagsüber in der Woche stark befahren. Ab 18:00 Uhr sowie am Wochenende ist die City Nord fast ausgestorben und man ist mit seinem Hund quasi allein unterwegs.
Beleuchtung
Wenige Laternen an den Hauptwegen; abseits davon eher dunkel.
Gebüsche
Ausreichend vorhanden.
Flirtfaktor 1-10
2

Gossler Park, Nienstedten

Größe
Sehr groß mit abschüssiger Strecke, auf der sich der Hund richtig austoben kann. Und das tolle daran
Keine anderen Hunde! (Wahrscheinlich weiß niemand, dass das hier kein privater Park sondern eine öffentliche Hundewiese ist.)
Boden
Gepflegter, topfebener englischer Rasen, im eleganten Streifenmuster gemäht.

Englischer Rasen im feinen Nienstedten.

Wasserzugang
Nein.
Sauberkeit
Blankenese halt
Die gute Stube der Stadt, selbst die Hundewiesen machen sich fein.
Papierkörbe
Jede Menge.

Sitzgelegenheiten
Absolut ausreichend vorhanden.
Gassibeutel-Station
Leider nein - absolut unverständlich, warum!
Parkplätze
Viele, kostenlose Parkplätze direkt an der ruhigen Seitenstraße.
Verkehr
Ganz wenig, nur Anlieger, kein Durchgangsverkehr.
Beleuchtung
Ganz wenige Laternen.
Gebüsche
Eine gepflegte Parkanlage mit riesigen Rhododendrenkulturen, Rosenbeeten und allem, was zu einen angelegten Landschaftspark dazugehört.
Flirtfaktor 1-10
3

Fährhaus Park, Uhlenhorst

Größe
Eher klein, daher ist bei schönem Wetter hier mit viel Betrieb zu rechnen. Die Größe reicht aber, um den Hund ein paar schnelle Runden drehen zu lassen.
Boden
Gras, kein Rasen, nicht ganz eben - aber die Hunde stört's nicht.
Wasserzugang
Direkt an der Außenalster gelegen, von dieser aber durch Zaun mit kleinem Tor abgetrennt.
Sauberkeit
Abgebrochenes Gehölz liegt unter den Bäumen: Ein fast unerschöpflicher Vorrat an Stöckchen zum Werfen.
Papierkörbe
Ja, aber wenig.

Direkt am Wasser mit Blick auf die Stadt.

Sitzgelegenheiten
Ja und sogar mit Blick über die Alster.
Gassibeutel-Station
Unverständlicherweise Nein.
Parkplätze
Katastrophe
Am besten zu Fuß, mit dem Rad oder dem Alsterdampfer anreisen (Anlegestelle Fährhausstraße).
Verkehr
Am Wochenende viele Radfahrer und Touristen, dazwischen eine Menge Autos, aber nie so viel, dass es stört.
Beleuchtung
Fehlanzeige.
Gebüsche
Ja, allerdings könnte da auch mal wieder mit einer Heckenschere Hand angelegt werden.
Flirtfaktor 1-10
5

Rissener Ufer, Blankenese
Größe
Weißer Sandstrand, so weit das Auge reicht.
Boden
Sandstrand, felsige Buhnen, Elbschlick
Wasserzugang
direkter, ungebremster Zugang zur Elbe
Sauberkeit
Bis auf ein bisschen Grillkohle vom letzten Lagerfeuer ein sehr sauberer Strand.
Papierkörbe
Ja.
Sitzgelegenheiten
Auf den Buhnen oder im Sand; wenige Bänke.
Gassibeutel-Station
Leider nein.
Parkplätze
Ja und auch in ausreichender Menge. Ansonsten Anreise mit dem 189er Bus, Haltestelle „Tinsdaler Kirchenweg".

Nimm mich mit Kapitän, auf die Reise...

Verkehr
Nur der Schiffsverkehr auf der Elbe
Beleuchtung
Nein
Gebüsche
Ja
Flirtfaktor 1-10
5

Niendorfer Gehege, Niendorf

Größe
Riesig mit vielen Freilaufflächen
Boden
Meistens trocken, nur nach langen Regenperioden an einigen Ecken sehr matschig. Gummistiefel empfohlen.
Wasserzugang
Nein
Sauberkeit
Kein herumliegender Müll, wenig Hundehaufen auf den Wiesen.

Papierkörbe
Viele Papierkörbe, sogar mit Deckel.
Sitzgelegenheiten
Für die Größe des Geländes zu wenig Bänke.
Gassibeutel-Station
Ja, an den Eingängen zum Gelände.
Parkplätze
Je nach dem, von welcher Seite man ins Niendorfer Gehege möchte „mal mehr, mal weniger" und unterschiedlich matschig bzw. staubig.
Verkehr
Kein Verkehr.
Beleuchtung
Nein.
Gebüsche
Viele Gebüsche mit unterschiedlichem Bewuchs.
Flirtfaktor 1-10
6

Bogenstraßen-Park, Hoheluft

Größe
Eher klein, aber dafür in sich geschlossen.
Boden
Topfebener Rasen, keine Löcher im Boden, gestampfte Wege
Wasserzugang
Wer nicht aufpasst, hat einen nassen Hund vom Sprung in den Isebekkanal.
Sauberkeit
Sehr sauber.
Papierkörbe
Ja
Sitzgelegenheiten
Ja
Gassibeutel-Station
Unverständlicherweise nein!

Ab ins Gebirge: Die Stellinger Schweiz.

Mitten in der Stadt und trotzdem grün.

Parkplätze
Nein.
Verkehr
Kein direkt vorbeifließender Verkehr, der eine Gefahr für die Hunde darstellen könnte.
Beleuchtung
Laternen in ausreichender Zahl vorhanden.
Gebüsche
Sowohl zur Wasserseite als auch zu den Rückseiten der angrenzenden Grundstücke ausreichend vorhanden.
Flirtfaktor 1-10
6

Und hier kann man seinen Hund gut und mit öffentlichen Verkehrsmitteln bequem erreichbar laufen lassen:

Alsenpark - Eckernförder Straße, Altona Nord
Alsterwiese - Alstervorland. Nördlich Fährdamm, Harvestehude, Flirtfaktor 1-10: 10
Alte Wöhr - Saarlandstraße/Am Barmbeker Stichkanal, Winterhude
Bebelallee - Bebelallee, Alsterdorf
Dulsberger Grünzug, Nordschleswiger Straße, Dulsberg
Edwin-Scharff-Ring, Edwn-Scharff-Ring, Steilshoop
Jahnring - Jahnring/Grasweg, Winterhude
Jenisch-Park - Elbchaussee/Holztwiete, Othmarschen, Flirtfaktor 1-10: 8
Kellinghusenpark - Goernestraße, Eppendorf
Kuhmühlenteich - Kuhmühlenteich/Immenhof, Uhlenhorst
Lohmühlenpark - Am Elisabethgehölz, St. Georg, Flirtfaktor 1-10: 9
Oberstraße - Oberstraße, Harvestehude
Walter-Möller-Park - Unzerstraße, Altona Nord
Weberspark - Doormannsweg, Eimsbüttel

Hundeauslaufgebiete in Hamburg

Altona

Altona-Altstadt
Walter-Möller-Park, Nähe Holstenstrasse
Antonipark, Pinnasberg Strasse
Altona-Nord
Alsenpark, Eckernförderstrasse
Bahrenfeld
Altonaer Volkspark, Parkplatz Grün
Baurstrasse, Pfitznerstrasse
Blankenese
Sven-Simon-Park, Nähe Waldpark Falkenstein
Gosslers Park
Rissen
Grünanlage an der Strasse Rüdigerau
An der Wedeler Au, Höhe Brudhildstrasse
Sülldorfer Landstrasse, Sieversstücken
Wittenbergener Elbufer
Lurup
Beim Rodelweg am Stückweg
Vorhornweg, nordwestlich vom Friedhof
Osdorf
Hans Christian Andersen Park, Knabenweg
Ottensen
Große Brunnenstrasse
Rosengarten, Höhe Neumühlen
Othmarschen
Groth-Park, Agathe-Lasch-Weg
Jenischpark im Südosten

Nienstedten
Westerpark, Eingang Jürgensallee
Sülldorf
Waldpark Marienhöhe, östlicher Zentralteich

Bergedorf

Allermöhe
Eichbaumpark, an der Dove Elbe – mit Badestelle
Gersonweg, Grünzug an der BAB
Bergedorf
Neu-Allermöhe, Grünzug an der BAB mit Badestelle
Ladenbeker Furtweg, Billwerder Billdeich
Koppel, östlich Bethesda Krankenhaus
Fritz-Lindemann-Weg, Reinbeker Redder,
Billwerder
Nördlich der S-Bahn zwischen Mittlerer
Landweg bis Höhe Fockenweide
Lohbrügge
Harvighorster Moor, Strasse an der Kreisbahn
Reinbeker Redder, Harvighorster Weg
Grünes Zentrum Lohbrügge - mit Badestelle
Binnenfeldredder an der Landesgrenze
Heidkampsredder, an der Bornbek
Ladenbeker Furtweg, an der Bergedorfer Landstrasse
Forstfläche Sander Tannen

Werbung

Ochsenwerder
Overwerder Hauptdeich, Hohendeicher See, nordwestlicher Grünzug

Eimsbüttel

Eidelstedt
Jaarsmoor, Redingskamp

Eimsbüttel
Eidelstedter Weg, Ecke Heußweg
Doormannsweg, Weberspark
Bogenstraßen Park

Harvestehude
Oberstrasse bei den Grindelhochhäusern
Alstervorland, nördlich Fährdamm, DOGSTATION

Niendorf
Voßberg
Rahweg, Burgunderweg

Niendorfer Gehege
Garstedter Weg, Höhe Alwin-Lippert-Weg

Schnelsen
Im Norden vom Wassermannpark

Stellingen
Stellinger Schweiz

Harburg

Eißendorf
Göhlbachtal neben dem Lohmühlenteich

Heimfeld
Forstfläche Heimfelder Holz (zwischen Mayers Park und Heimfelder Strasse)

Neugraben Fischbek
Kiesgrube südlich Kiesbarg
Am Ende des Falkenbergsweg, neben dem Heidefriedhof

Rehrstieg, gegenüber der SBahn

Neuwiedenthal

Marmstorf
Langenbeeker Weg, im Süden des Harburger Stadtparks, DOGSTATION

Mitte

Billstedt
Steinfurths, Diek neben der BAB
Öjendorfer Park, südöstlich des Sees, DOGSTATION

Hamm - Nord
Casper-Voght-Strasse, Am Elisabeth Gehölz

Horn
Im Süden der Horner Rennbahn

Neustadt
Neustädter Neuer Weg, DOGSTATION

Rothenburgsort
Elbpark Entenwerder

St. Georg
Lohmühlenpark

St. Pauli
Pepermöhlenbek, Finkenstrasse
Simon-von-Utrecht-Strasse, Ecke Schmuckstrasse

Nord

Barmbek-Nord
Bramfelder Strasse an der Seebek

Dulsberg
Nordschleswiger Strasse, Dulsberg Grünzug

Eppendorf
Martinistrasse im Eppendorfer Park
Kellinghusenpark, im Norden an der Goernestrasse

Fuhlsbüttel
Hummelssbüttler Kirchenweg, in der Kleingartenanlage, südlich vom Teich

Langenhorn
Fritz-Schuhmacher-Allee, zwischen Immenbarg und Herzmoor

Ohlsdorf
Kerbelweg, Beisserstraße
Alsterwiesen/Wellingsbüttler Landstrasse, Höhe Stübeheide

Uhlenhorst
Fährhausstrasse, An der Aussenalster
Immenhof, Kuhmühlenteich

Winterhude
City Nord, Hongkong Kehre
City Nord, Djakartaweg
City Nord, Singapurweg, Manilaweg
City Nord, Überseebrücke, Limaweg
City Nord, Hongkong Kehre
City Nord, Jahnring, Überseebrücke
City Nord, Jahnbrücke, Hebebrandtstrasse
Grünzug Bebelallee, nördlich Lattenkampsteig
Alte Wöhr, Saarlandstrasse am Barmbeker Stichkanal
Stadtpark im Süden vom Sierichschen Gehölz, DOGSTATION

Friedenstrasse, im Südosten vom Jacobipark
Am Eilbekkanal, Eilenau, von Essenstrasse
Farmsen-Berne
Berner Heerweg, Höhe Bus
Brookshöhe, südlich vom Regenrückhaltebecken
Hummelsbüttel
Tegelsbarg, Högenredder
Jenfeld
Elsa-Brandström-Strasse, Holstenhofweg, An der BAB
Schiffbeker Weg, Elfsaal

Wandsbek
Bramfeld
Grünzug, Steilshooper Allee
Am Stühm Süd, Kienholt
Eilbek (Barmbek-Süd)

Werbung

Die Hundenanny von nebenan

Das Start-Up Leinentausch vermittelt persönliche Betreuung für Hunde

Arbeiten und die Bedürfnisse des Hundes erfüllen? Wer nicht gerade das Glück hat, seinen Hund mit ins Büro nehmen zu können, steht vor einer echten Herausforderung. Das spürte auch Vanessa Lewerenz-Bourmer. Nachdem sie mit Mann und Hunden nach Berlin gezogen war, suchte sie lange nach einer guten Betreuung für ihre beiden Vierbeiner – ohne wirklichen Erfolg. Was tun? Im Juli 2013 gründete sie Leinentausch, eine Plattform bei der Hundehalter eine Betreuung für die Zeit buchen können, in der sie ihren Vierbeiner selbst nicht artgerecht versorgen können. Das Angebot reicht von Gassi-Services über die Betreuung während der Arbeitszeit, bis hin zur klassischen Ferienbetreuung mit Übernachtung. Vanessa Lewerenz-Bourmer möchte „Hundehalter nicht dazu ermutigen, ihren Hund ‚abzugeben', sondern eine Lösung für ein existierendes Problem bieten", wie sie sagt. Denn „welcher junge Mensch kann schon voraussehen, wie es beruflich in 2, 4 oder 10 Jahren aussieht? Wenn wir alle auf den perfekten Zeitpunkt zur Hundehaltung warten würden, würde es immer weniger Hundehalter geben."

Wie Leinentausch funktioniert

Auf der Plattform können sich Hundesitter und Hundehalter registrieren und je nach Bedarf zusammenkommen. Hundesitter machen Angaben zu ihrem Wohnumfeld und dazu, ob bereits Artgenossen vorhanden sind. Die Hundehalter füllen einen Fragebogen zu ihrem Hund aus, wo zusätzlich zu Rasse, Alter und Geschlecht 12 Eigenschaften abgefragt werden, beispielsweise: Ist der Hund verträglich mit Artgenossen, mit Katzen und mit Kindern? Wieviel Temperament hat er oder hat er gar Verlassensängste? „Was für den einen Sitter absolut irrelevant sein mag, ist bei einem anderen ein absolutes Knock-out-Kriterium." Anhand des Hundeprofils können die Hundebetreuer auf einen Blick einschätzen, ob der Gasthund in ihr persönliches Lebensumfeld passt. Damit bietet Leinentausch dem Hundehalter gleichzeitig die Gewissheit, dass der Hundesitter weiß, wo

Hamburg steckst du locker in die Tasche:

Tausende Hunde-Orte in ganz Deutschland in einer App!

KOSTENLOS

Dog's Places
Die besten Plätze für deinen Hund.

Mit Dog's Places „erschnüffelst" du die besten Plätze in deiner Stadt für dich und deinen Hund – und teilst sie mit anderen Hundefreunden! Kostenlose App für Android und iPhone!

EIN PROJEKT VON melting elements

www.dogsplaces.de

Leinentausch Gründerin Vanessa Lewerenz-Bourmer mit ihrem ehemaligen Straßenhund „Filou".

rauf er sich einlässt. „Kein Hund ist wie der andere und auch Hundesitter haben ihre persönlichen Vorlieben, so dass wir bisher jeden Hund unterbringen konnten."

Bei Leinentausch sind – vom Laien bis zum professionellen Hundetrainer – alle Erfahrungslevel vertreten. „Wir prüfen in einem Interview, ob die Einstellung stimmt", erzählt die Gründerin. Wer also komplett daneben liegt und nicht über die notwendige Sachkenntnis verfügt, wird nicht freigeschaltet. „Sicherheit ist uns ein Herzensanliegen, deswegen verifiziert Leinentausch auch die Kontaktdaten und die Personalausweise der angehenden Hundebetreuer." Mittelfristig wird über ein Weiterqualifizierungskonzept für die Betreuer nachgedacht – so Lewerenz-Bourmer, die selbst eine Ausbildung zur Hundetrainerin (IHK/BHV) absolviert.

Familienanschluss

Eine Hundebetreuung über Leinentausch ist immer eine Betreuung mit Familienanschluss. So wie bei Jennifer Miksch, 26, die mit Hunden aufgewachsen ist. Gerne würde sie wieder einen Hund haben. Das Hundesitting bei leinentausch.de war dann der Kompromiss mit ihrem Freund. Für 14 Tage hat sie Mischlingsdame Paula bei sich aufgenommen. Für 23 Euro pro Tag, was preiswerter ist als viele Hundepensionen. Ihren Preis legt sie im Profil auf der Plattform selbst fest. Für Miksch sind es 14 glückliche Tage. Einer fremden Person den eigenen Hund zu überlassen, ist natürlich eine absolute Vertrauensfrage. Deswegen empfiehlt Lewerenz-Bourmer die Suche nach einem Hundebetreuer frühzeitig anzugehen. In der Regel gibt es immer ein erstes gemeinsames Kennenlernen, verbunden mit einer Gassirunde, um zu prüfen ob die Chemie zwischen Hund und Betreuer stimmt. Bei Ferienbetreuungen – wie im Fall von Paula – gab es sogar eine Probeübernachtung. Das Frauchen von Paula war sehr beruhigt, als Paula am Abgabetag freudig wedelnd die Treppe hinaufstürmte und gleich wusste, zu welcher Tür sie muss. Da fiel die Trennung dann nicht mehr ganz so schwer.

Leinentausch

Web: www.leinentausch.de
Mail: kontakt@leinentausch.de

Pfötchenhotel Hamburg

Pfötchenhotel Jade

Pfötchenhotel Resort Berlin

Pfötchenhotel Hilden

„HERRCHEN IST DER BESTE!"

Fuchsbergstraße 18
40724 - Hilden
Tel: (02103) 39585-0
Fax: (02103) 39585-39
hilden@pfoetchenhotel.de

Pfötchenhotel Hilden

JaderStraße 27
26349 - Jade
Tel: (04454) 97886-0
Fax: (04454) 97886-19
jade@pfoetchenhotel.de

Pfötchenhotel Jade

Birkenallee 10-11
14547 - Beelitz
Tel: (033204) 6178-0
Fax: (033204) 6178-19
berlin@pfoetchenhotel.de

Pfötchenhotel Resort Berlin

www.pfoetchenhotel.de

Gesetz & Ordnung Politik & Soziales

Jeder und jede von uns macht Hundepolitik. Jeden Tag. Durch unser jeweiliges Engagement oder auch durch gepflegtes Desinteresse. Im letzteren Fall bestimmen dann andere, was wir in Hamburg mit unserem Hund dürfen und was nicht. Wir haben einen Blick auf die Hundepolitik der Hansestadt geworfen und mit den tierschutzpolitischen Sprechern der Hamburger Bürgerschaft gesprochen. Natürlich ist es uns auch wichtig zu zeigen, dass ein Hund nicht immer nur der Zankapfel und ein Gegenstand einer öffentlichen Regulierung ist. Hunde sind wichtig in unserem Leben. Als Assistenzhunde, als Besuchshunde. Eben als Hunde, die manchmal kleine Wunder bewirken und Türen öffnen. Dass Hunde auch von der Armut ihrer Besitzer betroffen sein können, hat uns unser Besuch bei der Tiertafel gezeigt.

„Helfer helfen Heilen"
So helfen Hunde Menschen mit Demenz

Für Jonah eher langweilig: Auf der Pressekonferenz von „4 Pfoten für Sie".

tungsreporter und ein gutes Dutzend Hunde mit ihren Besitzern sind in einem großen Zelt direkt neben der Hamburger St. Petri Kirche zusammengekommen. In wenigen Minuten soll die Besuchshunde-Kooperation zwischen dem Lions-Club „Hamburg Waterkant", der Hamburgischen Brücke und der Initiative „4 Pfoten für Sie" besiegelt werden.

Außerdem wird ganz offiziell die Urkunde über die Anerkennung niedrigschwelliger Besuchsangebote mit Hunden zwischen der „Hamburgischen Brücke" und der Hamburger Behörde für Gesundheit und Verbraucherschutz überreicht. Kirsten Arthecker von der Hamburgischen Brücke ist an diesem Montagmorgen am Ziel des Verhandlungsmarathons angekommen. „Nach vielen Vorgesprächen zwischen Änne Türke von ‚4 Pfoten für Sie' und dem Lions-Club „Hamburg-Waterkant" wurde am Ende die ‚Hamburgische Brücke' als Kooperationspartner ausgewählt."

„Hunde und Menschen mit Demenz leben beide im Hier und Jetzt. So ein Hund macht halt was mit dementen Menschen. Etwas Gutes. Denn die Begegnungen mit den Tieren fördern die Bewegung und die Erinnerung der Menschen, die wir besuchen." Kirsten Arthecker, die Geschäftsführerin der Hamburgischen Brücke ist ihre Aufregung anzumerken, an diesem Montagmorgen in der Hamburger Innenstadt. Kamerateams, Zei-

Barbara Gitschel-Bellwinkel, die PR Beauftragte des Lions-Club „Hamburg-Waterkant" und Initiatorin der Aktion hatte im

Gar nicht so einfach, ein Interview fürs Fernsehen zu geben.

Vorfeld bereits Kontakt zur Kölner Initiative „4 Pfoten für Sie" aufgenommen und der Hamburgischen Brücke Unterstützung angeboten, das Hundeprojekt für Menschen mit Demenz in Hamburg zu etablieren. In der Zwischenzeit war auch die durch den Lions-Club akquirierte Anschubfinanzierung für die erfolgreiche Umsetzung der Kooperation zwischen der „Hamburgischen Brücke" und „4 Pfoten für Sie" gesichert. Kirsten Arthecker erinnert sich: „Ich war sehr skeptisch, ob das wirklich funktionieren sollte. Menschen mit Demenz in ihrer vertrauten Umgebung mit Hilfe von Hunden auf andere Gedanken zu bringen und sie dadurch länger am sozialen Geschehen in ihrer Umgebung teilhaben zu lassen." Gut, dass Änne Türke nicht locker gelassen und Kirsten Arthecker vom Erfolg ihrer Arbeit überzeugt hat: „In Köln sind wir mit unserem Konzept offene Türen eingerannt.

Stundenweise Hundebesuche für Freude und Abwechslung

Denn diese stundenweisen Hundebesuche bringen Freude und Abwechslung ins Le-

ben der dementen Menschen und sie entlasten auch deren Angehörige." Der ehrenamtliche Hunde-Besuchsdienst richtet sich an jeden Hamburger Hundebesitzer, der etwas Gutes für die Gesellschaft leisten möchte. Die Kooperation richtet sich in erster Linie an Privathaushalte. Und das geht ganz einfach, erklärt Angelika Tumuschat-Bruhn von der Hamburger Behörde für Gesundheit und Verbraucherschutz. Sie hat die Anerkennungs-Urkunde an diesem Montagmorgen überreicht und betont, dass das Betreuungsangebot mit Hunden bewusst niedrigschwellig gehalten wurde, „damit so viele Interessierte wie möglich mit ihren Hunden daran teilnehmen können. In Hamburg wird das ehrenamtliche Engagement für „4 Pfoten für Sie" mit einer Aufwandsentschädigung belohnt." Darüber hinaus bietet die Initiative eine Unfall- und Haftpflichtversicherung.

Der Qualifizierungskurs für Hund und Hundebesitzer teilt sich in zwei Module auf: Den theoretischen ersten Teil „Menschen mit Demenz verstehen und betreuen" sowie das Praxiswochenende mit Hund „Mensch und Hund im Besuchsdienst". Im Anschluss an die beiden Module gibt es dann eine schriftliche und praktische Prüfung, die zum Erwerb des Hundeführerscheins nach dem Berufsverband der zertifizierten Hundetrainer e. V. führt. Die Kosten für diesen Kurs liegen bei 120,00 Euro pro Person und Hund. Alles was die Hamburger Hundehalter mitbringen müssen, sind Zeit und Einfühlungsvermögen, eine Hundehalter-Haftpflichtversicherung und einen gesunden, mindestens 18 Monate alten Hund, der selbstverständlich menschenfreundlich ist.

**HAMBURGISCHE BRÜCKE
- Beratungsstelle für ältere Menschen und ihre Angehörigen**

Hellbrookkamp 58
22177 Hamburg
Angela Harms
Tel. 040 - 2380 2695
Mail: bst@hamburgische-bruecke.de
Web: www.hamburgische-bruecke.de

Werbung

Praktisches & Unterhaltsames
Kreatives & Sinnvolles
Feines & Leckeres ...

Lehmweg 51, 20251 Hamburg
Tel. 040 / 439 83 13
www.treu-hamburg.de

SCHNUPPERN SIE DOCH MAL REIN!

„Zwei zu Null für Sam und Anton"
Mit zwei Besuchshunden in einer Seniorenanlage unterwegs

17 lange Jahre hat die ältere Dame mit den adrett gelegten, fast weißen Haaren einen schwarzen Collie-Mischling besessen. Blacky. Das ist schon eine ganze Weile her. Wie lange genau, daran kann sie sich gar nicht mehr so richtig erinnern. Aber dass Blacky ein feines Tier gewesen ist, weiß sie ganz bestimmt. Ihren Namen hat sie zwar verraten, aber der ist im Moment nicht wichtig. Vielleicht stimmt er auch gar nicht, vielleicht hat sie ihn auch gleich wieder vergessen. Folgen der Demenz, unter der alle sieben Senioren erkrankt sind, die gemeinsam und doch jeder ganz in seiner eigenen Welt in einem Stuhlkreis darauf warten, dass Sam und Anton gleich vorbeischauen. Zwei Besuchshunde, die alle 14 Tage in der „vhw-Seniorenanlage Walddörfer" in Hamburg Berne zu Gast sind. Die Tür der gut ausgestatteten und in freundlichen Farben eingerichteten Bibliothek öffnet sich; zwei Hundenasen drücken den Türspalt auf. Beide haben ein leuchtendes, orangefarbenes Halstuch um den Hals gebunden: „Besuchs- und Therapiehunde" steht darauf geschrieben. Den beiden weißen Labradoren Sam und Anton folgt eine Hundeleine und am Ende dieser Leine betritt Susanne Duschek den Raum. Sie ist Hundeführerin beim Bijou-Seniorenbe-

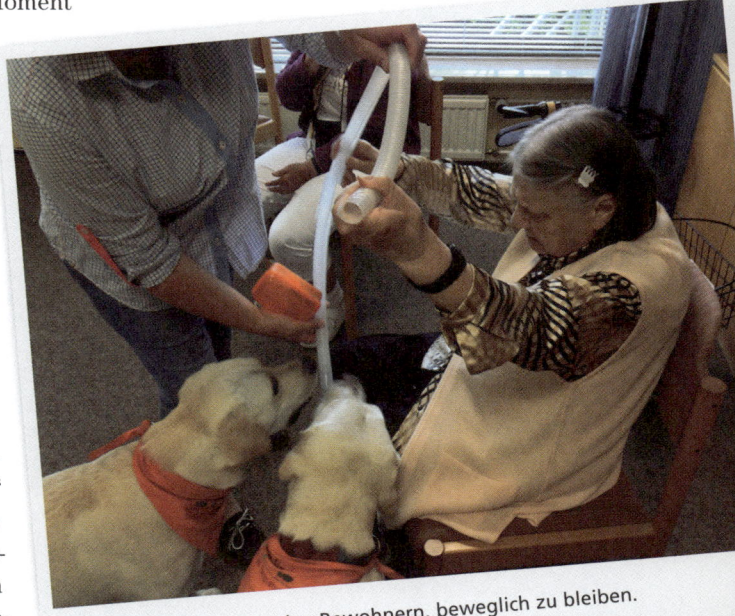

Sam und Anton helfen den Bewohnern, beweglich zu bleiben.

Keine Angst vor hohen Tieren: Irmgard Römmer (l.) und Helga Maaß (r.) mögen Sam und Anton.

suchsdienst. Und obwohl Susanne Duschek in diesem Moment trotz ihrer mit fröhlich-kraftvoller Stimme in den Raum gerufenen Begrüßung ein vernehmlich hörbares „Guten Tag" zurückbekommt, ist sie quasi abgemeldet. Die geballte Aufmerksamkeit der sieben älteren Herrschaften liegt jetzt auf den beiden Labradoren. Noch angeleint, damit sie im Eifer der ersten überschwänglichen Freude niemanden umlaufen, begrüßen sie die Senioren.

Vater und Sohn sind ein eingespieltes Team

Sam und Anton, Vater und Sohn, sind ein gut eingespieltes Team. Ruhiger und besonnener der Ältere, mit gebremst ungestümer Jugend der Sohnemann. Sam läuft sofort auf einen der beiden Männer in der Gruppe zu. Herr Gramatzki, früher selbst einmal stolzer Hundebesitzer, greift zielstrebig mit beiden Händen nach Sams Kopf und krault ihn mit allen zehn Fingern hinter beiden Ohren. Schwer zu sagen, wer von den beiden diesen Moment mehr genießt. „Sehen Sie", flüstert die anwesende Pflegekraft Petra Unger, „eigentlich ist Herr Gramatzki körperlich gar nicht mehr in der Lage, seine Hände so flink und geschickt zu bewegen. Aber der unbedingte Wunsch, ‚seinen' Sam zu streicheln ist stärker, als die körperliche Blockade." Mit neun Wochen ist Anton das erste Mal mit Sam und Susanne Duschek in der Seniorenresidenz im Dienst gewesen. „Das ist jetzt gut zwei Jahre her und sie glauben gar nicht, wie sehr den Bewohnern die beiden Hunde ans Herz gewachsen sind", freuen sich Petra Unger und Susanne Duschek. Mittlerweile spielen die Damen und Herren Sitzfußball. Sam und Anton übernehmen dabei die Rolle des Torwarts und bringen den Ball brav und ohne Aufforderung wieder zurück zum nächsten Schützen. „Ein Hund ist ein guter Freund, dem man alles anvertrauen kann. Der erzählt nichts weiter" sagt eine Dame mit rosafarbener Strickjacke. Stilles Nicken in der Runde. Mittlerweile steht es

Zwei zu Null für Sam und Anton. Mehr als 160 Besuche hat Sam schon hinter sich, die beiden machen ihre Sache gut. Die Senioren strahlen übers ganze Gesicht. Bei manch einem hat man den Eindruck, als würden plötzlich durch den dunklen Wald im eigenen Kopf Fetzen einer fernen Erinnerung an Tageslicht geweht. Der Schwierigkeitsgrad der Übungen, die Hunde und die Bewohner an diesem Nachmittag ausprobieren, steigt von Mal zu Mal.

Susanne Duschek holt aus ihrer großen Tasche einen Beutel mit Leckerlies und ein langes, durchsichtiges Plastikrohr. „Jetzt geht es darum, drei Handlungsabläufe gleichzeitig zu koordinieren: Den Kopf, die Arme und die Hand". Beim Röhrenspiel nehmen die Bewohner beide Enden der Röhre in eine Hand. Mit der anderen Hand stecken sie ein Leckerli in eines der beiden Enden dieser Röhre. Dann wird der Arm mit dem „Leckerli"-Ende der Röhre nach oben gestreckt und das untere Ende der Röhre dem wartenden Sam oder Anton vorsichtig vor die Hundenase gehalten. Der Hund öffnet das Maul und durch die Aufwärtsbewegung des Bewohner-Armes rutscht das Leckerli direkt ins Maul der Hunde.

Doppelter Belohnungseffekt

Der Belohnungseffekt: Sich bewegende Bewohner sorgen für Schwanzwedelnde Hunde und die wiederum für einen Glücksmoment im Leben der Bewohner. „Was glauben Sie wohl, wie schwierig es ist, die Bewohner zu einer vergleichbare Übung ohne Besuchshund zu animieren", erzählt Petra Unger. „Das ist manchmal gar nicht so

einfach. Aber die Hunde motivieren unsere kleine Gruppe hier alle 14 Tage zu Höchstleistungen." Und der positive Effekt, beim Sport nennt man das „Nachbrennen" hält bis zu vier, fünf Tage an. Solange

Gleich ist Feierabend.

können sich die Bewohner an den eingeübten Bewegungsablauf erinnern. Trotz ihrer Demenz, die manch einen sogar vergessen lässt, zu trinken. Obwohl das gefüllte Glas Saft direkt vor ihm oder ihr steht. Ende 2008 ist der Bijou Seniorenbesuchshundedienst an den Start gegangen. Seitdem wird mit den Pflegekräften der Wohnanlagen und den Angehörigen eine Biografie der Bewohner erstellt. So wird sichergestellt, dass die Menschen zur Hundebesuchsrunde kommen, die Hunde mögen oder vielleicht selbst mal einen besessen haben. „Bei uns im Haus finden Sie sogar eine Bewohnerin, die mit fast neunzig Jahren mehrmals pro Woche morgens den Hund ihrer Tochter entgegennimmt und sich tagsüber um ihn kümmert. Abends holt die Tochter den Hund dann wieder bei uns ab", erzählt Petra Unger am Ende der Besuchsrunde mit Sam und Anton, bevor sie kurz die Bibliothek verlässt, um eine Waschschüssel zu holen.

Händewaschen heißt „Feierabend"

Susanne Duschek macht derweil mit ihren beiden vierbeinigen Jungs die Abschiedsrunde: Jeder darf seinen Lieblingshund noch einmal ausgiebig knuddeln. „Dieses Ritual ist in erster Linie natürlich der Hygiene geschuldet", erklärt Susanne Duschek. Nach dem letzten Hundekontakt des Nachmittags wird die Schüssel mit warmen Wasser und Seife herumgereicht. Jeder wäscht sich die Hände, trocknet sie sich danach ab. Petra Unger ergänzt: „Und so weiß jeder unserer Bewohner hier, dass die Stunde jetzt zu Ende ist. Händewaschen ist das Signal für: Feierabend." Nach und nach verlassen die Damen und Herren den Raum. Die Besitzerin von Blacky winkt Sam und Anton im Vorbeigehen zu. Susanne Duschek und Petra Unger verstauen das Hundespielzeug in einer großen Tasche. Feierabend. Heute auch für Sam und Anton.

Bijou Senioren-Besuchsdienst gGmbH

Harnackring 32
21031 Hamburg
Angela Harms
Tel.: 040 - 7385 235
Mail: info@therapiehunde-hamburg.de
Web: www.therapiehunde-hamburg.de

„Sie kann auch eine Amazone sein"

Vom korrekten Umgang mit amtlichen Bescheiden

„Und ein paar Tage später hatte ich eine Einladung vom Bezirksamt im Briefkasten. Ich sollte meinen Hund vorführen!" Angefühlt hat es sich allerdings mehr wie eine Vorladung, schiebt Ronald Ströming hinterher. Ein ruhiger, besonnener Herr in gestandenem Alter, der seine Sätze sehr bedächtig wählt, um diese dann druckreif und mit einer Prise schwarzem Humor versehen auszusprechen. Der Sozialarbeiter im Ruhestand wurde vorgeladen, um Clairechen, seine sieben Jahre alte Parson-Jack-Russell-Hündin bei der Amtstierärztin im Bezirksamt Hamburg-Nord vorzustellen. Weil sich Clairechen, die eine Hundeschule besucht hatte und sogar eine amtliche Leinenbefreiung besitzt, einige Wochen vorher mit einem anderen Hund gestritten hatte. Wie Hunde, vor allem kleine Hunde, nun einmal so sind: Sie bellen, sie führen ein Tänzchen auf und manchmal schrecken sie auch nicht davor zurück, ihr ebenfalls bellendes und an einer Leine zerrendes Gegenüber mit einem gezielten Zwick davon zu überzeugen, dass sie selbst hier auf diesem Grünstreifen die Oberhoheit haben. Wenn in so einem Moment am oberen Ende der Leine zwei besonnene Hundebesitzer stehen, ist diese fast täglich irgendwo vorkommende Routinesituation, schneller gelöst als sie entstanden ist. Wenn aber eine der Hundeleinen von einem aufbrausenden Menschen gehalten wird, sieht die Sache anders aus.

Die beiden Hunde sind nicht gut aufeinander zu sprechen

Ronald Ströming spaziert wie jeden Tag am Eilbek-Kanal in Barmbek-Süd entlang.

Clairechen, der „Kampfhund"...

Die oberhalb von einem kleinen Steg gelegene Bank lädt zum Verweilen ein. Clairechen sucht sich ein schattiges Plätzchen. Ronald Ströming erzählt: „Eines Tages habe ich meinen Hund auf der Wiese dort vorne ohne Leine laufen lassen. Das mache ich nicht oft, aber hin und wieder muss Clairechen mal etwas toben. Ich habe ja für sie eine Leinenbefreiung bekommen, in sofern habe ich mir nichts dabei gedacht." Ronald Ströming sucht sich speziell die Orte aus, an denen er Clairechen unbekümmert ohne Leine frei laufen lassen kann. Dumm nur, dass ausgerechnet in diesem Moment eine Dame mit Hund des Weges kam. Ronald Ströming und die Dame kennen sich und sind seit vielen Jahren in gegenseitiger, herzlicher Abneigung verbunden. Die beiden Hunde waren ebenfalls nicht sonderlich gut auf einander zu sprechen. „Clairechen kannte ja diese Wiese schon seit Kindertagen. Aus diesem Grund hat sie keine Sekunde daran gezweifelt, ‚ihr' Territorium mit all den ihr gegebenen Mitteln verteidigen zu müssen. Sie kann halt schon manchmal eine Amazone sein." Diese Mittel, wie der gebürtige Hamburger sie nennt, sind bei einem Parson-Jack-Russell-Terrier: Seine Stimme und seine feinen, spitzen Zähne. Terrier müssen sich halt immer mal wieder ausprobieren und an ihre Grenzen gehen. Nachdem die Hunde in den Ring gestiegen waren, ist die Hundehalterin des Kern-Terriers kurzerhand mit ihrem gezückten Regenschirm dazwischen gegangen und hat Clairechen geschlagen. Ronald Ströming hat seinen Hund umgehend an die Leine genommen, der Terrier der Dame hat Dank des eingesetzten Stockschirms ein Teil seines Ohres eingebüßt.

„Ich gebe zu", erinnert sich Clairechens Herrchen, „dass ich nicht sehr höflich gewesen bin, als ich meine Bitte vorgetragen habe, sie möge doch die Hunde nicht mit einem Schirm schlagen."

Mit gezücktem Regenschirm ging die Hundehalterin auf die beiden Tiere los

Das Ende vom Lied war die Vorladung der Amtstierärztin des Bezirks Hamburg-Nord. Bis zu dem Tag, an dem Clairechen dort vorgeführt und auf ihre Charakterfestigkeit untersucht werden sollte, galt die amtliche Auflage einer maximal 2,50 Meter langen Leine. Ronald Ströming, der schon von Berufswegen ein eher friedliebender Mensch ist, hat sich daraufhin bei Clairechens Tierärztin und ihrer ehemaligen Hundetrainerin informiert, was auf ihn und seinen Hund nun zukommen würde. Ärztin und Trainerin sagten einhellig, dass man damit rechnen müsse, dass der Hund einen Wesenstest zu absolvieren haben. „Ich kann nur jedem, der in so eine Situation gerät, dringend raten, sich bei seinem Tierarzt und der Hundeschule zu informieren. Das hat mir enorm geholfen, meine Aufregung im Zaum zu halten. Ich wusste ja, dass ich nichts unrechtes getan hatte. Und das Clairechen sogar eine offizielle Leinenbefreiung besaß", sagt Ronald Ströming. Die sie übrigens immer noch besitzt.

Die Vorladung und die Vorführung der Parson-Jack-Russell-Hündin war dann eine Sache von nicht einmal 45 Minuten. Ronald Ströming erinnert sich noch genau daran: „Ich hatte ja vorher auf Anraten meiner Hundetrainerin zu Hause den klassischen We-

GOOD BOY!
Die Bekleidung für Hundehalter!

Allwetter-Bekleidung
- Jacken & Westen
- Kurzmäntel
- Sweatjacken
- Hosen & Stiefel

Der original GOOD BOY! Ausstattung:

- Leckerlibeutel, am Karabiner zu befestigen
- große Rückentasche für Trainingsdummys
- Einschubtasche für Hundepfeife
- Schulterklappen zum Befestigen der Leine
- extra viele verschließbare Taschen innen & außen
- Taillen-Tunnelzug & abtrennbare Kapuze
- Paspel-Reflektoren & 2-Wegereißverschluss
- wasserdicht, winddicht, atmungsaktiv

ab € 129,95
"3 in 1" Jacke "MAXI"

GOOD BOY!
Die Bekleidung für Hundehalter

Design und Funktion für Sport und Outdoor-Freizeit mit dem Hund: hochfunktional, vielseitig, strapazierfähig, wasser- und winddicht.

GOOD BOY! – multifunktionale Freizeitmode für Hundehalter
Bestellen Sie einfach unseren Katalog unter 04171 - 60 70 94 0 oder www.goodboy.de

senstest ausprobiert: Schirm auf. Schirm zu. Um zu schauen, wie mein Hund darauf reagiert. Ob er bellt oder aggressiv wird. Aber sie hat mich nur angeschaut, also wolle sie mich fragen, was soll denn dieser Blödsinn'. Ich bin dann beim Amt aufgetreten mit dem Gefühl und in der Gewissheit, dass ich mir nichts vorzuwerfen hatte!"

Den Wesenstest musste die Hundedame übrigens nicht ablegen. Ihr wohlfeiles Verhalten im Büro der Amtstierärztin hat diese sogar dazu veranlasst, den verdutzten Ronald Ströming zu fragen, ob sie Clairechen denn vielleicht ein Leckerli geben dürfe. „Das war eine sehr entspannte Situation", erinnert er sich. Die Amtstierärztin war sehr freundlich und glücklicherweise hat sich Clairechen von ihrer besten Seite gezeigt. Im Anschluss daran hat es noch einen so genannten „rechtlichen Vermerk" gegeben, in dem aktenkundig festgehalten wurde, dass die Hunde ihr ritualisiertes Verhalten an den Tag gelegt haben, weil sich die beiden Erwachsenen ‚nicht grün' gewesen sein. Das deckt sich mit den Erfahrungen von Hundepsychologen: Wenn sich die entgegenkommenden Hundehalter unsympathisch sind, dann merken die Hunde das natürlich und sind sich ebenfalls „nicht grün".

Vertrauen in den eigenen Hund ist wichtig

Für Ronald Ströming ist nach dieser Geschichte jedenfalls eines klar: „Wenn man besonnen auftritt, seinem Hund vertraut und die richtigen Stellen um Rat bittet, dann hören sich die Begriffe ‚Vorladung' und ‚Wesenstest' plötzlich gar nicht mehr so schlimm an, wie im ersten Moment." Einen kleinen Nachgeschmack hat die ganze Geschichte allerdings doch: Sollte Clairechen jemals wieder auffällig werden, dann kann es passieren, dass sie einen Maulkorb tragen muss. Egal, ob sie schuld hat oder nicht.

„Unsichtbare Helferin"

Wie Blindenführhund Betty den Alltag von Rolf Schilling gestaltet

Das Hundegebell hinter einer Wohnungstür, hoch oben im 14. Stock eines Hochhauses, im Hamburger Osten beginnt in der Sekunde, in der sich die Fahrstuhltüren öffnen. Scharf nach links, 13 Schritte geradeaus, dem Hundegebell entgegen. „Kommen Sie herein" sagt Rolf Schilling, nachdem er die Wohnungstür geöffnet hat. Eine behagliche Wohndiele empfängt den Besucher, sie strahlt Geborgenheit aus. Der Blick durch die geöffnete Wohnzimmertür und weiter durch die großen Glasscheiben fängt ein beeindruckendes Stadtpanorama ein. Ein Blick fast wie vom Fernsehturm. Betty, ein weißer Labrador, ist mittlerweile im Schmusemodus und grunzt zufrieden vor sich hin. Rolf Schilling streichelt den weichen Kopf der Hündin. Es gab mal eine Zeit, da hatte er regelrecht Angst vor Hunden. „Meine Frau wollte schon immer einen Hund haben. Aber für mich war das nichts. Außerdem konnte ich mir nicht vorstellen, einen Hund zu lieben und den dann nach zehn Jahren abzugeben, weil er am Ende seiner Uhr angekommen ist."

„Früher hatte ich Angst vor Hunden"

Das ist viele Jahre her. Mittlerweile hat Rolf Schilling seine Meinung geändert. Denn er ist blind. Mit 40 Jahren ‚späterblindet', wie er ergänzt. Im Jahr 1967 erkrankte der gelernte Speditionskaufmann an einer Netzhautablösung. „Heute können sie das operieren. Aber damals war man da noch nicht so weit." Nach und nach hat Rolf Schilling sein Augenlicht eingebüßt und 1984 schließlich komplett verloren. „Ich habe zunächst versucht, mich mit einem Langstock auf der Straße zurechtzufinden. Ohne Hund. Aber die Leute haben gedacht, ich sei betrunken, ditschig, nicht ganz dicht", berichtet der heute 69-jährige. „Ich mochte ja keine Hunde. Also, Sie fangen ja nicht plötzlich an, Hunde toll zu finden, nur weil Sie blind geworden sind. Aber irgendwann ging das dann nicht mehr weiter!" Drei Jahre, nachdem Rolf Schilling sein Augenlicht für immer verloren hatte, übernahm er Gino, einen schwarzen Labrador-Golden Retriever Mischling. „Ein wirk-

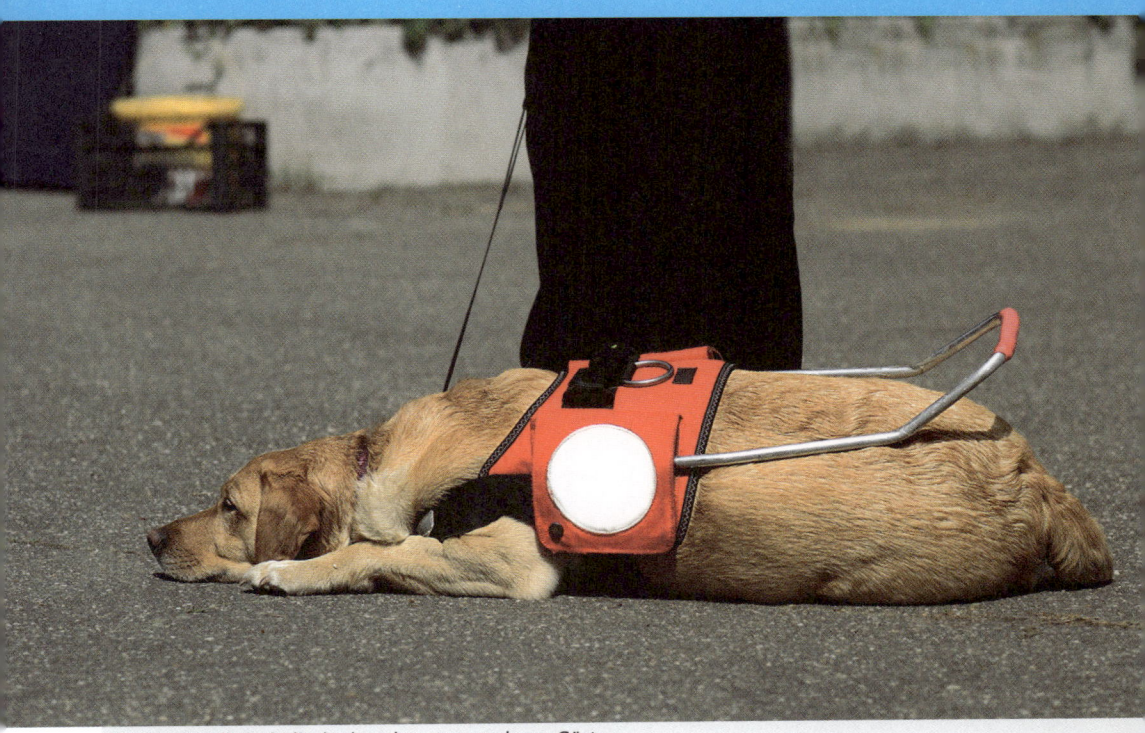
Nicht überall sind Blindenhunde gern gesehene Gäste.

lich imposantes Tier. Der hatte seinen eigenen Kopf und wusste genau, was er wollte." Rolf Schillings Worte lassen noch heute, Jahrzehnte später, ansatzweise erahnen, welchen Respekt er damals vor Gino empfunden hat. 1987 ist der Hamburger nach West-Berlin gereist, in die dortige Führhundeschule. Die erste Nacht mit Gino zusammen in seinem Zimmer wird Rolf Schilling wohl sein ganzes Leben nicht mehr vergessen: „Ich hatte ja keine Ahnung, was für Geräusche ein Hund macht. Der schnarcht sogar! Ich habe in der ersten Nacht mit Gino nur sehr wenig Schlaf bekommen!"

Eine gute Führhundeschule besucht einen gesunden Wurf regelmäßig

Bis heute werden in Berlin Blindenführhunde ausgebildet. Der Weg für angehende Blindenführhunde ist lang. In den ersten zwölf Wochen ihres Lebens wird das Welpenverhalten der jungen Hunde beobachtet, zum Beispiel wie sie sich untereinander verhalten. Eine gute Führhundeschule besucht einen gesunden Wurf regelmäßig, um dessen Sozialverhalten zu beurteilen. Diese konstante Beobachtung hilft dem Ausbilder der Hunde bei der Auswahl eines Tieres. Mit einem Lebensalter von ungefähr acht Wochen kommt der Welpe dann in eine Pflegefamilie. Dort werden dem Hund in der Elementarausbildung die Grundlagen für sein Leben beigebracht: Sitz, Platz, bei Fuß und natürlich auch das Thema Reinlichkeit. Der spätere Blindenführhund bleibt nun zehn bis zwölf Monate in seiner Pflegefamilie. Wenn der Hund seinen zehnten oder elften Lebensmonat erreicht hat, beginnt die Ausbildung. Rolf Schillings zweiter und dritter Führhund

Betty und Rolf Schilling sind seit Jahren ein gut eingespieltes Team.

folgt ein mehrwöchiger Eingewöhnungskurs für die Halter, die auch danach weiter trainieren und ihre Hunde konditionieren müssen. Erst danach kommt das Mensch-Hund-Team so richtig in Fahrt.

Das größte Hindernis ist der Mensch

Betty, nach augenzwinkernder Aussage von Rolf Schilling „manchmal eine Diva wie sie im Buche steht," ist sein dritter Führhund. Trotz anfänglicher Allüren von Betty sind die beiden mittlerweile ein sehr gut eingespieltes Team. „Rüden sind stur, aber gelassen. Hündinnen sind zickig." Mit jedem seiner drei Hunde musste Rolf Schilling wieder neu lernen, als Team zusammen zu arbeiten. Ein Hund, sagt er, ist ja schließlich ein Individuum. Seine Hundeangst hat er als rational denkender Mensch schnell überwunden. „Das war dann halt so. Es gab ja für mich keine Alternative zu einem Blindenhund." Erst Gino, dann der schwarze Labrador Akim, und jetzt Betty. Sie sieht für Rolf Schilling, wo die erste Treppenstufe ist, findet den Weg durchs Gedränge in der Einkaufsstraße, meidet Laternenpfähle, Bäume und nimmt Unebenheiten im Asphalt wahr. „Durch Betty habe ich im Alltag kaum Hindernisse", sagt der Rentner. Das größte Hindernis ist für ihn allerdings die Intoleranz der Menschen. Seine Frau, die gerade dabei ist, im Wohnzimmer nebenan die große Bücherwand abzustauben, schaut in die Wohndiele: „Sie glauben gar nicht, wie borniert sich manche Menschen hier in Hamburg aufführen, wenn Sie einen Führhund dabei haben. Mein Mann, Betty und ich sind mit der Bahn am Hauptbahnhof angekom-

wurden in der Führhundeschule Boldhaus in Arnstadt ausgebildet. Dort wird der Hund dann speziell auf seinen Einsatz als Blindenführhund vorbereitet: Er muss lernen, Höhenhindernisse zu erkennen und darauf achten, dass er auf der rechten Seite mehr Platz benötigt als links. Denn an der rechten Seite des Hundes wird später der blinde Hundehalter laufen. Das Training ist wichtig, denn, so Rolf Schilling, ein Hund läuft ja aus eigenem Antrieb nicht vor Hindernisse. So langsam kommt dann auch der Zeitpunkt, an dem geschaut wird, ob die Chemie zwischen dem Blinden und dem Hund stimmt: beide lernen sich langsam kennen. Mit dem Üben ist dann aber noch nicht Schluss: Haben sich Halter und Hund gefunden, stimmt das Umfeld und die Chemie, so wie bei Rolf Schilling und Gino vor etwa dreißig Jahren, men und wollten uns am Hachmannplatz ein Taxi nehmen. Glauben Sie, dass uns auch nur ein Taxifahrer mitnehmen wollte? Die einen hatten eine plötzliche Hundeallergie und die religiös Orientierten wollten mir weißmachen, sie dürften keine Hunde transportieren, weil das gegen den Koran wäre." Auch viel gutes Zureden von Rolf Schillings Frau hat nichts genützt: Sie musste erst die Zentrale anrufen und einen Wagen zum Hauptbahnhof ordern, um nach Hause gebracht zu werden. Mit Hund versteht sich. „Egal ob ich zum Bäcker gehe, oder kurz mal in den Supermarkt möchte: Es gibt nur wenige Geschäfte, die ich ohne Diskussion mit Betty betreten darf."

90% Mobilitätsgewinn dank Betty

Erfreulich ist es für das Ehepaar Schilling, dass sie in Restaurants und Cafés keinerlei Probleme haben, den Hund mit hineinnehmen zu dürfen. Erstaunlich hingegen, mit wie viel Unverständnis der scheinbar aufgeklärte Hansestädter des 21. Jahrhunderts Blinden und ihren Führhunden entgegentritt. „Mein Mobilitätsgewinn liegt dank der Hunde bei 90 Prozent", sagt Rolf Schilling, der sich mittlerweile auch per GPS mit Sprachausgabe leiten lässt, wenn er auf Reisen ist. „In Hamburg ist der Hund einfach unschlagbar. Sehen Sie: Ein Stock schränkt mich ein. Der braucht ja immer erst den Kontakt zum Hindernis. Betty weiß halt schon vorher, mit welchem Hindernis ich zusammenstoßen könnte." Und wie ist das mit den ganz normalen Bedürfnissen so eines Blindenführhundes? Schilling und seine Frau Schmunzeln: „Wenn Betty im Geschirr ist, muss

Hunde müssen draußen bleiben? Nicht für Rolf Schilling.

sie nicht müssen. Dann schnuppert sie auch nicht, weil sie genau weiß: Ich bin im Dienst." Anders ist das natürlich beim normalen Gassi gehen, dreimal täglich, oder beim Herumtollen auf der eingezäunten großen Wiese, direkt vor dem Haus. Auch das übernimmt Rolf Schilling. Seine Frau lacht, als sie hinzufügt, dass sie natürlich auch morgens mit Betty die erste Runde drehen würde: „Aber dann müsste sich Rolf um den Haushalt kümmern. Insofern hat sich das quasi von selbst geregelt, wer morgens mit dem Hund rausgeht."

Blinden- und Sehbehindertenverein Hamburg e.V.

Louis-Braille-Center
Holsteinischer Kamp 26
22081 Hamburg
Tel.: 040 - 209 4040
Veranstaltungstelefon: 040 - 209 40466
Mail: info@bsvh.org
Web: www.bsvh.org

„Mona ist jetzt mein Hund und Hamburg nicht mehr meine Stadt."
Das Hamburger Hundegesetz und seine Auswirkungen

Hannelore Herrmann lebte fast ihr ganzes Leben in Hamburg und die Elbmetropole war immer „ihre" Stadt. Selbst als 2006 das neue Hundegesetz die Hundehalter mehr als in die Pflicht genommen und das Leben mit einem Vierbeiner immer schwieriger gemacht hatte, blieb sie ihrer Hansestadt treu. Doch damit ist jetzt Schluss. Im Oktober 2012 hat die Hundefreundin gemeinsam mit Ehemann Wolfgang ihre sieben Sachen gepackt und Hamburg den Rücken gekehrt. Seit Jahren ist Hannelore Herrmann ehrenamtliche Gassigeherin im Hamburger Tierheim „Süderstraße". Ihr Herz schlägt ganz besonders für die vom Hamburger Hundegesetz diskriminierten Rassen American Staffordshire Terrier und Pitbull Terrier. „Diese Hunde haben es mir angetan", sagt sie. „Sie sind verschmust, ruhig und keiner von ihnen kommt als so genannter ‚Kampfhund' auf die Welt!" Als im September 2009 eine trächtige Staff-Hündin sichergestellt und ins Tierheim eingeliefert wurde und kurze Zeit später acht gesunde Welpen zur Welt brachte, engagierte sich die medizinische Fachangestellte von Anfang an bei der Sozialisation der Welpen. Sie fuhr mit einigen von ihnen U-Bahn, mit dem Auto und machte sie bei Spaziergängen mit anderen Menschen, anderen Hunden und den zahlreichen Umweltreizen vertraut. Trotzdem fielen drei der Welpen, Agnes, Mona und Pia, zunächst bei dem für Hunde dieser Rassen erforderlichen Jugendwesenstest durch. „Sie waren einfach noch zu ängstlich", sagt die Gassigeherin, „aber wie soll ein Welpe auch zu einem selbstsicheren Hund heranwachsen, wenn er die meiste Zeit hinter Tierheimgittern leben muss?"

Wie soll ein Welpe im Tierheim zu einem selbstsicheren Hund heranwachsen?

Fast ihre ganze Freizeit hat Hannelore Herrmann dann in Agnes investiert, bis die Hündin 2011 – natürlich mit bestandenem Wesenstest - endlich ein schönes Zuhause außerhalb von Hamburg gefunden hatte. Jetzt wurde Mona „ihr" Hund und fast unmerklich entwickelte sich eine tiefe Beziehung zwischen der schüchternen, braunen Hündin und der erfahrenen Hundehalterin. „Als sich das erste Mal ernsthafte Interessenten für Mona meldeten, spürte ich, dass ich sie sehr vermissen würde", erinnert sich Herrmann. „Doch eine behördliche Haltungsgenehmigung für Mona hätte ich in Hamburg niemals bekommen, die Anforderungen sind ja tatsächlich nicht erfüllbar.". Und so setzte sie alle ihre Hoffnungen auf die Verhandlungen des Hamburger Tierschutzvereins von 1841 e.V. mit den politisch Verantwortlichen. Diese hatten eine dahingehende Änderung des Hundegesetzes zum Ziel, zumindest die Vermittlung der im Tierheim einsitzenden Hunde dieser Rassen innerhalb Hamburgs zu erleichtern. „Mona war inzwischen ‚mein' Hund geworden und nachdem sich der Hamburger Senat gegen eine Änderung des Hundegesetzes ausgesprochen hatte, war Hamburg nicht mehr meine Stadt", sagt die enttäuschte Hundehalterin. Auf facebook veröffentlichte sie, dass sie eine neue Wohnung im Hamburger Umland suche, damit Mona endlich das Tierheim verlassen könne. Mitte Oktober 2012 konnten Hannelore, Wolfgang und der 12 Jahre alte Rüde Paul einziehen.

Blaues Halsband in Schleswig-Holstein

Am zweiten Novemberwochenende kam dann Monas großer Tag: Der Umzug in ein richtiges Zuhause nach drei langen Jahren im Tierheim! Und weil Monas Wesenstest und Hannelores Sachkundeprüfung aus Hamburg ganz unbürokratisch von den Elmshorner Behörden anerkannt wurden, darf die freundliche Hündin in ihrer neuen Heimat auch ohne Maulkorb spazieren gehen. „Ich genieße die entspannte Atmosphäre", erzählt ihr Frauchen, „hier wird man nicht dumm angemacht und kein

Weg aus Hamburg: Hannelore Herrmann.

Mensch scheint auf die Idee zu kommen, dass Mona gefährlich sein könnte". Und schmunzelnd fügt sie hinzu: „Ich bin wohl auch die einzige Elmshornerin, die sich tatsächlich daran hält, einem Hund dieser Rasse ein blaues Halsband umzubinden, wie es eigentlich vom schleswig-holsteinischen Gesetzgeber vorgeschrieben ist!" (Jule Thumser)

„Was die Hamburger Politik von Hunden hält"
Meinungscheck in der Hamburgischen Bürgerschaft

Leinenpflicht kontra Freilauf, Hundeführerschein oder Eigenverantwortung bei der Hundeerziehung: Es gibt eine Menge Themen Rund um den Hund, bei denen die Hamburger Politik mitredet. Einerseits sind Hunde Privatsache, andererseits bieten sie (leider) immer wieder Anlass für öffentlichen Unmut. Wir haben die für den Tierschutz zuständigen Sprecher der Parteien in der Hamburgischen Bürgerschaft zu ihren Meinungen bei den wichtigsten Hundethemen befragt.

Dennis Thering, Sprecher der CDU Bürgerschafts-Fraktion für den Bereich Tierschutz

1. Welchen Stellenwert haben Hunde in Hamburg?

„Man sagt, ‚der Hund ist der beste Freund des Menschen'. Aber gerade nach der schlimmen Beißattacke auf den kleinen Volkan aus Wilhemsburg im Jahr 2000 wurde diese Aussage öffentlich sehr umstritten und zum Teil mit drastischen Worten und Forderungen zu Recht hinterfragt. Wir haben uns damals dieser schwierigen Situation gestellt und das Hamburger Hundegesetz auf den Weg gebracht, das am 1. Januar 2007 in Kraft getreten ist. Infolgedessen sind unter anderem die Beißvorfälle deutlich zurückgegangen und das hat zu einer positiveren öffentlichen Wahrnehmung von Hunden geführt."

2. Was ist das größte Problem mit Hunden in Hamburg? Wie wollen Sie darauf reagieren?

„Herrenlose bzw. ausgesetzte Hunde stellen vor allem den Hamburger Tierschutzverein (HTV) vor eine große Herausforderung. Die Kapazitäten des Tierheims Süderstraße sind völlig erschöpft. Wir setzen uns dafür ein, dass der HTV genügend Gelder erhält, um seine Aufgaben wie zum Beispiel die Pflege und Vermittlung von halterlosen Hunden wahrnehmen zu können."

3. Hundeführerschein - ja oder nein?

„Wir verfolgen die aktuelle Debatte um einen Hundeführerschein, wie sie zum Beispiel in Berlin geführt wird, sehr genau. In Hamburg gibt es bereits jetzt eine sogenannte Gehorsamsprüfung, bei der Hundehalter nachweisen müssen, dass sie mit ihrem Hund im Alltag gut und verantwortungsvoll umgehen können, um von der generellen Anleinpflicht befreit zu werden. Dies kommt einem Hundeführerschein schon recht nahe. Im Falle von erkrankten, geschwächten oder älteren Hunden kann aber auch von der Durchführung der Gehorsamsprüfung abgesehen werden. Das ist eine gute Lösung, um einerseits den Interessen der Hundehalter und denen der Menschen ohne Hunde gerecht zu werden."

4. Generelle Leinenpflicht?

„Zwar gilt grundsätzlich, dass alle Hunde außerhalb der eigenen Wohnung, des eigenen Grundstücks angeleint werden müssen. Durch den Nachweis einer erfolgreich bestandenen Gehorsamsprüfung können Hunde auf Antrag von der generellen Anleinpflicht befreit werden. Diese Regelung hat sich in der Praxis bewährt."

5. Wird es mehr Auslaufgebiete geben?

„Nach unseren Informationen plant der SPD-Senat bisher keine zusätzlichen Auslaufflächen. Aber ich werde den aktuellen Bedarf an zusätzlichen Auslaufflächen für Hamburg mit einer Anfrage an den Senat gerne abfragen. Sollte sich dabei herausstellen, dass der Bedarf größer ist als das Angebot, muss selbstverständlich nachgebessert werden."

6. Ist die derzeitige Regelung mit der Hundesteuer in Ordnung für Sie?

„Ich halte eine jährliche Abgabe für sinnvoll, wenn demgegenüber auch eine konkrete Gegenleistung steht, die die Akzeptanz der Hunde in unserer Stadt erhöht. Hierzu gehört unter anderem eine intensive Beseitigung des Hundekots auf Gehwegen und in Parkanlagen. Außerdem müssen ausreichend Kotbeutelspender und Entsorgungsmöglichkeiten zur Verfügung stehen. Ich unterstütze, dass Führ-, Begleit- und Wachhunde für Blinde bzw. Schwerbeschädigte ausdrücklich von der Gebühr ausgenommen sind."

7. Was wünschen Sie sich von Hamburger Hundebesitzern? Und was von den Nicht-Hundehaltern?

„Es wäre gut, wenn beide Seiten noch etwas mehr Verständnis für den jeweils anderen aufbringen würden. Es ist nachvollziehbar, wenn Menschen ohne Hunde ungewollt Bekanntschaft mit Hundekot machen und sich darüber ärgern. Andererseits erlebe ich täglich, dass sehr viele Hundehalter sich den vielen Verpflichtungen im Zusammenhang mit ihren Hunden bewusst sind und diese sehr gut umsetzen."

Carl Jarchow, innenpolitischer Sprecher der FDP Bürgerschafts-Fraktion

1. Welchen Stellenwert haben Hunde in Hamburg?

„Einen hohen: Es gibt 55.000 Hunde in der Stadt, die ihren Haltern am Herzen liegen."

2. Was ist das größte Problem mit Hunden in Hamburg? Wie wollen Sie darauf reagieren?

„Die kleine aber gelegentlich nicht zu übersehende Zahl von gleichgültigen oder unwissenden Hundehaltern, die sich zu wenig um Hinterlassenschaften oder schwierigere Eigenheiten ihres Tieres kümmern. Und die ebenso kleine, aber anstrengende Zahl von Hundehassern, die auch verantwortungsvollen Hundehaltern das Leben unnötig schwer machen. Wahrnehmung von Verantwortung darf von Hundehaltern eingefordert werden, grundsätzliche Gelassenheit von Menschen ohne Hund gegenüber Menschen mit Vierbeinern."

3. Hundeführerschein - ja oder nein?

„Verantwortungsbewusste Hundehalter haben ihn oder zumindest die Kenntnisse und Fähigkeiten, um ihn ohne großen Aufwand erwerben können. Vielleicht wäre es aber besser, wenn Tierhalter-Haftpflichtversicherer den Erwerb mit Boni fördern würden."

4. Generelle Leinenpflicht?

„Die löst bei potentiell schwierigen Hunden häufig das eigentliche Problem am oberen Ende der Leine nicht. Bei den

anderen Hunden ist sie generell unnötig und erschwert die artgerechte Haltung enorm."

5. Wird es mehr Auslaufgebiete geben?

„Diese werden in Hamburg von den Bezirken ausgewiesen. Die Bezirke mit starken FDP-Fraktionen liegen bei den Ausweisungen im Vergleich klar vorne."

6. Ist die derzeitige Regelung mit der Hundesteuer in Ordnung für Sie?

„Grundsätzlich ja, die Einnahmen sollten von Politik und Verwaltung aber zu einem wesentlicheren Anteil für die Bekämpfung und Beseitigung von durch Hunden verursachten Belastungen der Allgemeinheit verwendet werden und weniger im allgemeinen Haushalt versickern."

7. Was wünschen Sie sich von Hamburger Hundebesitzern? Und was von den Nicht-Hundehaltern?

„Von Ersteren, dass alle Hundehalter die Rücksicht und das Verantwortungsbewusstsein der großen Mehrheit an den Tag legen. Von letzteren Toleranz und Offenheit für freundliche Vierbeiner und ihre Halter."

Heidrun Schmitt, Fachsprecherin für Gesundheit und Verbraucherschutz der GRÜNEN Bürgerschafts-Fraktion

1. Welchen Stellenwert haben Hunde in Hamburg?

„Für viele Hamburger/innen sind Hunde treue Begleiter und geliebte Haustiere."

2. Was ist das größte Problem mit Hunden in Hamburg? Wie wollen Sie darauf reagieren?

„Hierzu lässt sich unserer Ansicht nach keine pauschale Aussage treffen. Probleme mit Hunden sind nach den jeweiligen Gegebenheiten und Bedürfnissen aller Beteiligten unterschiedlich und bedürfen einer dem jeweiligen Problem angepassten Lösung."

3. Hundeführerschein - ja oder nein?

„Derzeit sind keine Änderungen an den bestehenden Regelungen in Hamburg geplant."

4. Generelle Leinenpflicht?

„Derzeit sind keine Änderungen an den bestehenden Regelungen in Hamburg geplant."

5. Wird es mehr Auslaufgebiete geben?

„Die Ausweisung von Auslaufflächen ist Sache der Hamburger Bezirksämter. Nach der zugehörigen Globalrichtlinie sollen die Bezirksämter so viele Auslaufflächen ausweisen, dass für die Hundehalter/innen eine solche Fläche innerhalb von zwei Kilometern erreichbar ist."

6. Ist die derzeitige Regelung mit der Hundesteuer in Ordnung für Sie?

„Derzeit sind keine Änderungen an den bestehenden Regelungen in Hamburg geplant."

7. Was wünschen Sie sich von Hamburger Hundebesitzern? Und was von den Nicht-Hundehaltern?

„Gegenseitiger Respekt und Rücksichtnahme sind unserer Meinung nach die

Grundlage eines guten Miteinanders von Hundehaltern/innen und Nicht-Hundehaltern/innen."

Kersten Artus, Fachsprecherin für Tierrechte der LINKEN Bürgerschafts-Fraktion

1. Welchen Stellenwert haben Hunde in Hamburg?

„In Hamburg leben 55.000 Hunde. Sie sind damit ein selbstverständlicher Teil der Stadt und für Tausende Menschen unverzichtbarer Bestandteil ihres Lebens. Leider hat Hamburg das schärfste Hundegesetz Deutschlands. Vier Rassen gelten innerhalb der Stadtgrenzen als ‚unwiderlegbar gefährlich': American Pit Bull Terrier, American Staffordshire Terrier, Staffordshire Bullterrier und Bullterrier. Das heißt, dass sie selbst bei erfolgreichem Wesenstest angeleint bleiben und einen Maulkorb tragen müssen. Das gilt auch für Mischlinge dieser Rassen. DIE LINKE hat dieses Gesetz stets kritisiert, weil nicht belegbar ist, dass ausgerechnet diese Rassen besonders gefährlich für Menschen sind."

2. Was ist das größte Problem mit Hunden in Hamburg? Wie wollen Sie darauf reagieren?

„Es gibt ein großes Problem mit geschürten Ängsten der Bevölkerung durch die jahrelange Hatz auf diese vier Hunderassen. DIE LINKE hat sich dafür stark gemacht, dass jede Person, die einen Hund in Hamburg halten möchte, einen Hundeführerschein ablegen und vor dem Kauf eines Tieres eine fachliche Beratung wahrnehmen muss. Außerdem sollen alle Hunde wesensgeprüft werden. Ein Tier, das den Test besteht, muss als ungefährlich eingestuft werden. Bestehen fachlich begründete Zweifel, kann der Test regelmäßig zur Wiederholung angeordnet werden. Ein zweites großes Problem ist das Hundehaltungsverbot in Wohnungen der Saga/GWG. Es trifft es vor allem Menschen, die in Sozialwohnungen leben. Dieses Verbot trifft also vor allem Menschen mit wenig Einkommen. Sozial gerecht sieht anders aus, denn Hunde erfüllen eine wichtige soziale Funktion."

3. Hundeführerschein - ja oder nein?

„Ja, von gut ausgebildeten Trainerinnen und Trainern und zu vertretbaren Kosten."

4. Generelle Leinenpflicht?

„Gut erzogene Hunde stören in Wirklichkeit niemanden. Aber: Wer in einer Großstadt mit diesem Verkehrsaufkommen seinen Hund nicht gut erzieht, handelt fahrlässig, auch gegenüber dem Hund und anderen Tieren, die geschützt werden müssen. DIE LINKE hat sich gegen eine generelle Anleinpflicht ausgesprochen. Ich erwarte aber auch Rücksichtnahme aller Hundehalterinnen und Hundehalter vor den Menschen, die Angst vor Hunden haben. Dieses ‚Der tut nichts' ist wirklich nicht hilfreich."

5. Wird es mehr Auslaufgebiete geben?

„Hamburg hat sehr unterschiedliche Bezirke. In Nord und Eimsbüttel ist es wirklich eng durch die hohe Einwohnerdichte, da sind Anträge auf mehr Auslaufgebiete nicht erfolgversprechend. In Bezirken wie Harburg, Bergedorf und Wandsbek gibt es bereits viele Auslaufmöglichkeiten. Dass das nie genug sein kann, versteht sich, aber Großstadt ist Großstadt."

6. Ist die derzeitige Regelung mit der Hundesteuer in Ordnung für Sie?

„Frankreich, England, Schweden, Dänemark und andere Länder erheben keine Hundesteuern mehr. Warum wir noch? Ich halte nicht viel davon, Bürgerinnen und Bürger durch solche Steuern abzuzocken, während Großindustrielle durch jede Menge Tricks Steuern hinterziehen können und Banker fette Boni einstreichen. Die Einnahmeseite der Freien und Hansestadt Hamburg könnte durch eine Millionärssteuer und ausreichend Steuerprüferinnen und -prüfer um Einiges verbessert werden. Eine Hundesteuer würde sich dann locker erübrigen."

7. Was wünschen Sie sich von Hamburger Hundebesitzern? Und was von den Nicht-Hundehaltern?

„Wer sich ein Tier in einer Großstadt hält, muss dessen Bedürfnisse gut kennen und planen, wie er diesen gerecht werden kann. Kleine Wohnungen und wenige Auslaufflächen stehen den Interessen eines Hundes entgegen. Hunde brauchen auch viel Zeit und sind gesellige Tiere. Deswegen fordert DIE LINKE auch die Fachberatung vor dem Kauf. Vor allem gehört kein Hund unter den Weihnachtsbaum. Hunde sind doch freundliche Tiere, es macht Spaß, ihnen draußen beim Spielen zuzusehen. Dennoch sollte man immer daran denken, einen Hund nicht gleich anzufassen. Auch Kindern sollte dieser Respekt beigebracht werden. Ich fände es gut, wenn Hunde Thema im Schulunterricht würden. Oder im Rahmen von Schulprojekten Hunde besser kennenlernen. Das würde Mensch und Tier gut tun."

Gert Kekstadt, SPD Bürgerschafts-Fraktion

1. Welchen Stellenwert haben Hunde in Hamburg?

Folgt man den offiziellen Zahlen der Stadt, scheint gerade in den letzten Jahren für die in Hamburg lebenden Menschen, das Bedürfnis einen Hund halten zu wollen, erheblich an Bedeutung gewonnen zu ha-

ben. Gemäß dem zentralen Hunderegister erhöhte sich zwischen 2006 und 2012 die Zahl der in Hamburg gemeldeten Hunde von knapp 40 Tsd. auf über 55 Tsd. Sieht man einmal von der ökonomischen Betrachtung ab, immerhin finanzieren 50-60 Hunde in Deutschland im direkten oder indirekten Zusammenhang mit der Hundehaltung einen Arbeitsplatz, scheint der Hund für die Menschen und somit auch in Hamburg, insbesondere für ältere und alleinlebende Menschen, nicht nur ein treuer Begleiter sondern auch ein wichtiger Sozialpartner zu sein. Er fördert die sozialen Kontakte der Menschen untereinander und scheint darüber hinaus auch positive Effekte auf die Gesundheit des und der jeweiligen Hundehalterin auszuüben. Und natürlich dürfen auch in Hamburg die für unsere Gesellschaft weiteren nützlichen Funktionen des Hundes als Polizei- und Rauschgifthund (Einsatz im Hafen u. auf dem Flugplatz), als Wach- und Schutzhund und als Therapiehund bei Verhaltensauffälligkeiten von Kindern nicht unerwähnt bleiben. Wie überall wird der Hund sicherlich auch in Hamburg, wenn er denn als Familienhund gehalten wird, dazu beitragen, bei Kindern schon früh die Fähigkeit zur Übernahme von Verantwortung, in diesem Fall für den Familiehund, zu fördern. Auch sollte nicht unerwähnt bleiben, dass die mit der Hundehaltung im direkten Zusammenhang stehende Erhebung der Hundesteuer nicht nur eine ordnungspolitische Funktion zur Begrenzung der Hundehaltung insbesondere von Kampfhunde erfüllt, sondern auch einen Beitrag zur Deckung der gesamtstädtischen Ausgaben leistet."

2. Was ist das größte Problem mit Hunden in Hamburg? Wie wollen Sie darauf reagieren?

„Im Jahre 2000 gab es in Hamburg eine tragische Beißattacke zweier Kampfhunde mit tödlichem Ausgang für ein Kind. Dieser Vorfall führte in der Konsequenz zur Verabschiedung eines strengen, bis dahin in dieser Form nicht vorhandenen und inzwischen auch fortgeschriebenen Hundegesetzes. Zentraler Regelungsgehalt dieses Gesetzes war und ist die Definition der als unwiderlegbar oder durch einen Wesenstest widerlegbar gefährlich geltenden Hunde sowie die generelle Anleinpflicht für Hunde (mit Maulkorbzwang für die als gefährlich eingestuften Hunde) im öffentlichen Raum Hamburgs. Ferner wurden in dem Hundegesetz die Kriterien für die sogenannte Gehorsamsprüfung, den Wesenstest und die Erlaubnis überhaupt einen Hund halten zu dürfen, definiert. Mit Hilfe dieses Hundegesetzes ist es zum Schutz der Bevölkerung in der Folge u.a. gelungen, die sogenannten Beißvorfälle in Hamburg um 40 % zu senken. Nach meiner Auffassung wurde mit diesem Gesetz auch einer bedenklichen Entwicklung, hier der Haltung und Züchtung von Kampfhunden, die Spitze genommen. Die Haltung Von Kampfhunden konnte erfolgreich zurück gedrängt werden. Schaut man sich die mit dem Hundegesetz im Zusammenhang stehenden begangenen Ordnungswidrigkeiten an, sind bedauerlicherweise immer noch Vollzugspobleme des Hundegesetzes erkennbar. Hier ist der „Bezirkliche Ordnungsdienst" (BOD) gefordert, für den notwendigen Vollzug zu sorgen. Gegebenenfalls ist der Ordnungsdienst im Sinne der Vorbeugung und der Abwehr von Gefahren für Gesundheit und Leben von Menschen personell zu verstärken, um dem Anspruch des Gesetzes gerecht zu werden. Hier scheint sicherlich eine weitere Verfolgung der tatsächlichen Entwicklungen in den Bezirken Hamburgs geboten, um zeitnah neuerlichen Fehlentwicklungen im Sinne einer Gefahrenabwehr vorzubeugen."

3. Hundeführerschein- ja oder nein?

„Unabhängig von der im politischen Raum geführten Diskussion möchten ich meiner menschlichen Logik folgend feststellen, dass es in einer Großstadt wie Hamburg grundsätzlich angezeigt scheint, die Fähigkeit zur Haltung eines Hundes unter den Vorbehalt eines Sachkundenachweises in Form eines Hundeführerscheines zu stellen. Gewiss, in Hamburg ist man von dieser Vorgabe noch sehr weit entfernt, aber ich bin mir sicher, dass man die entsprechenden Ansätze in den übrigen Bundesländern mit größter Aufmerksamkeit verfolgt, um gegebenenfalls auch im Stadtstaat Hamburg an den Erfahrungen anderer Bundesländer zu partizipieren und damit letztlich dem Ziel der größtmöglichen Schadensvorbeugung und gleichzeitig auch dem Ziel des Tierschutzes im weitesten Sinne gerecht zu werden."

Manchmal schwierig: Mit Hund in Hamburg.

4. Generelle Leinenpflicht?

„Ja, ohne Einschränkung befürworte ich in einem Stadtstaat wie Hamburg eine generelle Leinenpflicht, egal ob sachlich im Sinne einer kurzen Leine oder weiten Leine gesetzlich geboten. Davon unbenommen bleibt jedoch ohne Frage die Möglichkeit zur Befreiung von der generellen Leinenpflicht durch die vom Hundehalter im Zusammenspiel mit seinem Hund nachzuweisende Gehorsamsprüfung."

5. Wird es mehr Auslaufgebiete geben?

„Folgt man den Ansätzen der Globalrichtlinie zur Schaffung von Freilaufflächen für Hunde zunächst ohne Beachtung der gesetzlich definierten und zu berücksichtigenden Einschränkungen ist davon auszugehen, dass es in dem einen oder anderen Bezirk Hamburgs zu weiteren gesetzlich definierten Auslaufgebieten kommen wird. Schließlich soll es dem oder der Hundehalterin ermöglicht werden, Hundeauslaufzonen im Stadtgebiet der Freien und Hansestadt im Umkreis von etwa 2 Kilometern zu erreichen."

6. Ist die derzeitige Regelung mit der Hundesteuer in Ordnung für Sie?

„Im Zusammenhang mit dieser Fragestellung möchte ich ausschließlich auf die ordnungspolitische Funktion der Hundesteuer verweisen. Die Differenzierung der Hundesteuer nach dem Regelsatz für gewöhnliche Hunde und dem auffällig erhöhten Steuersatz für gefährliche Hunden wird auch unter Beachtung der nicht unerheblichen Höhe des Regelsatzes den 2 wesentlichen Funktionen in einem Stadtstaat mit begrenztem Flächenangebot gerecht: 1. die Hundehaltung generell in einem erträglichen Maß zu halten und 2. die Haltung von gefährlichen Hunden in Hamburg im Sinne der Gefahrenabwehr auf dem Wege der Besteuerung bewusst zu sanktionieren."

7. Was wünschen Sie sich von Hamburger Hundebesitzern? Und was von den Nicht-Hundehaltern?

„In unserer Großstadt Hamburg erfordert das Zusammenleben der Menschen mit eher kleinteilig strukturierten Lebensräumen in höchstem Maße gegenseitige Achtung, Respekt, Verständnis und in gewissem Maßen auch ein gegenseitiges Vertrauen in das jeweilige Verhalten des Mitbürgers. Dies gilt im täglichen Umgang insbesondere für das Verhältnis zwischen Hundehaltern, ihrem Hund und den sogenannten Nicht-Hundehaltern.

Für beide Seiten sollte im direkten Kontakt der Respekt und das Verständnis für die Lebensweise des Menschen mit Hund, dem Hund selbst und umgekehrt für die des Menschen ohne Hund selbstverständlich sein. Gleichwohl wünsche ich mir generell von Hundebesitzern doch ein geschärftes Verständnis für die Tatsache, dass Nicht-Hundehalter im Umgang mit Hunden in der Regel weniger geübt sind und daher auf bestimmte Verhaltensweisen von Hunden eher unsicher oder sogar mit Angst reagieren. Dies gilt insbesondere für ältere Menschen oder Familien mit kleinen Kindern. Ihnen allen ist im Umgang mit Hunden in der Regel ein erhöhtes Sicherheitsbedürfnis zum persönlichen Schutz oder dem der Kinder gemein. Es ist auch nicht auszuschließen, das sich die Nicht-Hundehalter durch das ihnen geltende Verhalten eines Hundes wesentlich schneller belästigt fühlen, ohne angemessen dem Hund gegenüber reagieren zu können. Hundehalter sollten diese zuvor geschilderten Umstände bei Ihrem täglichen Gang mit Ihrem Hund bewusst verinnerlicht haben und ihren Hund im öffentlichen Raum entsprechend aufmerksam führen und begleiten, egal ob entsprechend der generellen Leinenpflicht angeleint, oder von der Leinenpflicht auf dem Wegen des Hundeführerscheins befreit. Eine konzentrierte Aufmerksamkeit sollte der Hundebesitzer dem Verhalten seines Hundes auch dort stets widmen, wo gesetzlich ausgewiesene Freilaufmöglichkeiten (ohne Leinenzwang) für den Hund bestehen."

„Futter ist nicht alles"

Ein Nachmittag in der Hamburger Tiertafel

Mittwoch, 15:30 Uhr.

Wie jeden zweiten Mittwoch sind sie wieder da. Bei Wind und Wetter. Am letzten Mittwoch des Monats sind es immer mehr Menschen als Mitte des Monats. Sie kommen aus der ganzen Stadt und treffen sich auf dem Parkplatz vor diesem leerstehenden kleinen Supermarkt, am Ende einer ruhigen Wohnstraße. Gut 80, 90 Hamburger Hundebesitzer mit ihren Vierbeinern, die schon ungeduldig auf die Uhr schauen. Gleich ist es halb vier. Gleich geht es los: Die Hamburger Ausgabestelle der „Tiertafel Deutschland" öffnet ihre Türen. Ortstermin in Farmsen-Berne, einem gut bürgerlichen Stadtteil am nordöstlichen Rand der Hansestadt.

Kara Schott leitet die Hamburger Ausgabestelle der Tiertafel.

14:00 Uhr.

Kara Schott ist die Leiterin der Hamburger Ausgabestelle. Sie hat wenig Zeit und leitet gerade die Lagebesprechung mit 13 ehrenamtlichen Helfern. Die haben jetzt genau zweieinhalb Stunden Zeit, die in den vergangenen vierzehn Tage gesammelten und abgegebenen Spenden zu sortieren und für die Ausgabe ab 15:30 vorzubereiten. Jeder Handgriff sitzt. Ein gut eingespieltes Team. Kara Schott teilt das Team ein und bespricht die anfallenden Aufgaben. „Wir sind unglaublich dankbar über die großartige Unterstützung des Hamburger Franziskus Tierheims. Und natürlich über die große Spendenbereitschaft der vielen Hamburger Fressnapf und Futterhaus Filialen, um nur einige zu nennen", erklärt sie nebenbei. „Ohne diese gute Zusammenarbeit wären wir nicht in

Jede Hand zählt.

der Lage, bedürftigen Hamburger Tierbesitzer zweimal im Monat zu helfen, mit ihrem Liebling über die Runden zu kommen."

14:20 Uhr

Der Fahrer des Sammelmobils klingelt an der hinteren Tür des ehemaligen Supermarktes. Er möchte die Spenden abliefern, die er in den vergangenen Tagen in Hamburger Tierhandlungen und Supermärkten gesammelt hat. Und die Spenden, die im Hamburger Franziskus-Tierheim für die Tiertafel abgegeben wurden. Die Mitarbeiter freuen sich: Heute sind Katzen-Kratzbäume dabei. „Sie glauben gar nicht, wie oft wir nach einem Kratzbaum oder einem kleinen Spielzeug gefragt werden", ruft eine ehrenamtliche Helferin durch den Raum. Futter ist eben nicht alles.

14:25 Uhr

Während eine der Helferinnen mit einem Karton Wassereis die ohnehin schon gute Laune aller Anwesenden steigert, ergänzt Kara Schott: „Wir sorgen ja nicht nur dafür, dass die Hundebesitzer und anderen Tierhalter ihr Tier behalten können, indem wir sie mit Futter versorgen. Wir geben auch Leinen, Halsbänder und manchmal sogar Spielzeug aus. Und heute eben auch ein paar Kratzbäume."

14:45 Uhr

„Schaut mal hier! Heute ist auch Nierenfutter für Katzen mitgekommen." Große Freude unter den Helferinnen und Helfern, denn Spezialfutter wird nur selten gespendet. Dafür umso häufiger Leckerlies: „Natürlich sind wir dankbar über jede Spende, die wir bekommen! Aber Sie können doch einen Hund nicht nur von Leckerlies, Keksen und Hundesnacks ernähren." Kara Schott schüttelt ihren Pagenkopf und rollt die aufgeweckten Augen. „Sie essen doch auch nicht jeden Tag nur Schokoküsse." Das vergessen die Spender manchmal, wenn sie der Tiertafel etwas Gutes tun möchten: „Wir sorgen hier für die Grundversorgung und dafür, dass die Tiere nicht verhungern und mangelernährt werden", ergänzt Kara Schotts Kollegin Karin Riebold.

14:50 Uhr

Die Hektik nimmt zu. Zwei Helfer öffnen die gerade angelieferten, schweren Futtersäcke und füllen das Trockenfutter in große, grüne Tonnen ab. Beagle Bobby beobachtet die Aktion und freut sich, dass der eine oder andere Futterdrops auf die Erde fällt. Seniorenfutter, solches für kleine Hunde, Spezialfutter: Jedem Tierchen...

15:00 Uhr

Ein Blick hinter die Stellwände, hinter denen sich die Anmeldung verbirgt. Hier wird auf Karteikarten vermerkt, wer welche Unterstützung bekommt. „Sie müssen den Nachweis erbringen, dass sie Sozialleistungen empfangen. Das ist der erste Schritt", sagt Kara Schott und zeigt eine Karteikarte. Auf dieser Karte ist auch vermerkt, wie viele Tiere der Besitzer hat. Hier wird als Nachweis ein aktueller Impfpass verlangt. „Wir unterstützen pro Person bis zu vier Hunde. Und das aber auch nur, wenn die Hunde bereits vor einer Arbeitslosigkeit beim Hundebesitzer gewohnt haben." Hilfebedürftige, die sich einen Hund anschaffen, nachdem sie in eine soziale Notlage gekommen sind, werden abgewiesen. „Das mag sich hart anhören", sagt die Leiterin der Ausgabestelle, „ aber das geht natürlich zu weit. Wir appellieren immer auch an die Eigenverantwortung der Menschen. Und wenn ich knapp bei Kasse bin und einen Hund nicht richtig durchbringen kann, darf ich mir keinen zweiten anschaffen." Denn auch die Tiertafel muss sorgsam mit ihren Mitteln umgehen. In der Hamburger Ausgabestelle sind zum Beispiel jeden Monat 1000 Euro Miete fällig. Ohne Spenden und die Unterstützung durch den IFAW (Internationaler Tierschutz-Fonds) kaum zu schaffen.

15:05 Uhr

Die IFAW-Tierärztin Alexandra Wenzel wirft einen kurzen Blick aus der Tür eines Nebenraumes im hinteren Bereich der Ausgabestelle. Wie viele Kunden heute vor der Tür warten, möchten sie und ihre Helferin wissen. Trotz der brütenden Sommerhitze vor dem Haus warten zwanzig Minuten vor Öffnung der Ausgabestelle bereits mehr als achtzig Hunde-, Katzen- und sonstige Tierhalter vor noch geschlossenen Türen. Dass es seit Mitte April 2013 eine Tierärztin gibt, die mit ihrem Team alle vier Wochen - also in jeder zweiten Ausgabe - Tiere untersucht, impft

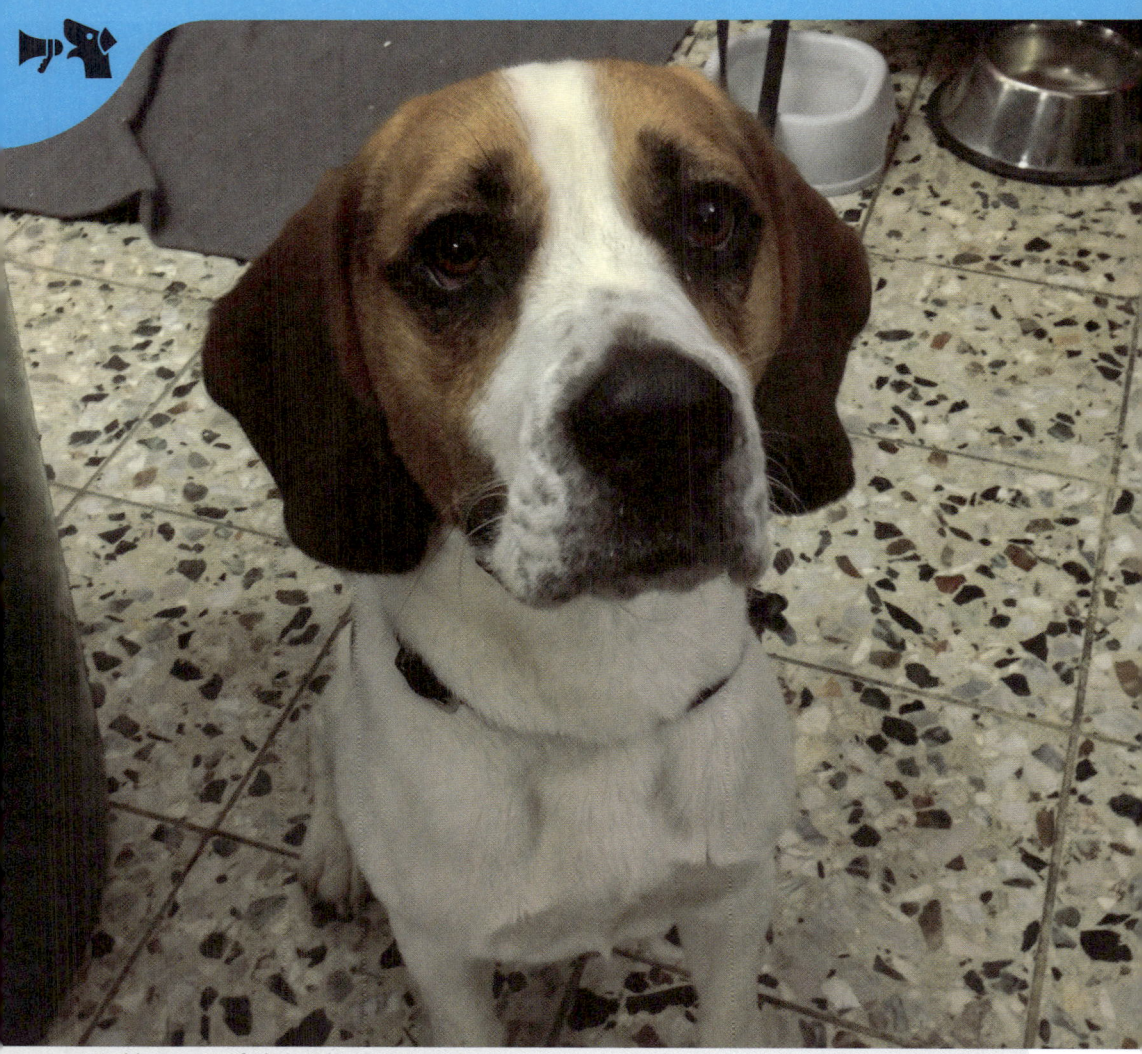

Bobby passt auf, dass nichts verschwindet.

und manchmal sogar operiert, verdankt die Tiertafel dem IFAW.

15:10 Uhr

Die grünen Tonnen sind mittlerweile randvoll mit Trockenfutter gefüllt, Bobby ist satt und hat es sich auf seiner Decke unter dem Ausgabetresen bequem gemacht. Derweil klärt IFAW-Pressesprecherin Dörte von der Reith auf: „Wir unterstützen die Tiertafel seit 2009. Im ersten Schritt haben wir einen Transporter gesponsert, damit die ehrenamtlichen Helfer nicht ständig mit ihren eigenen Autos Futter und Sachspenden transportieren müssen." Irgendwann wurde dann klar, dass der Bedarf nach einer Tierärztin besteht. Kara Schott: „Unsere Kunden müssen mindestens sechs Monate zu uns kommen, bevor sie die Tierärztin besuchen dürfen. Wir möchten nicht, dass Menschen ihre Hunde komplett durchimpfen und dann nie wieder kommen." Und den Tierarztbesuch gibt es nicht kostenlos. Da ein Tierarzt ein Honorar nehmen muss, weil er sonst gegen die Wettbewerbsvorschriften verstieße, wird während der Sprechstunden der Tiertafel der einfache Satz berechnet. Eine Hälfte zahlen die Kunden, die andere Hälfte wird vom IFAW bezahlt.

15:25 Uhr

„Wissen Sie", sagt Dörte von der Reith, „nicht jeder, der hier in der Schlange steht, hat sein Schicksal selbst in der Hand." Während die ersten Kunden durch die Scheiben ins Innere des mit buntem Trubel erfüllten, ehemaligen Supermarktes schauen, berichtet sie vom Schicksal einer Kundin. „Guter Job, vermutlich eine Führungsposition, so Mitte 40. Und dann kommt plötzlich eine Nervenkrankheit, sie verliert ihren Job, wird an den Rollstuhl gefesselt und die soziale Spirale dreht sich immer weiter abwärts. Soll diese Frau etwa ihre Katze und ihren Hund abgeben, nur weil sie unverschuldet in eine Notlage gekommen ist?" Diese Kundin, von der Dörte von der Reith erzählt, brauche die Tiertafel, weil mittlerweile alle Ersparnisse aufgebraucht seien. „Und die Tiere sind ja für viele der Kunden hier der letzte Anker in die Welt da draußen. Die Verantwortung, für sich und seine Tiere zu sorgen." Kara Schott und Karin Riebold ergänzen: „Zuhören ist genauso wichtig, wie die materielle Hilfe. Probleme klären, eine freundliches Wort, der persönliche Kontakt." Ein bisschen Menschlichkeit in den oftmals grauen Alltag der Kunden bringen: das haben sich die Helfer der Tiertafel ganz groß auf ihre Fahne geschrieben.

15:30 Uhr

Kara Schott öffnet die Türen der Ausgabestelle. Und wie von einem Magneten gezogen, leert sich der Parkplatz vor diesem leerstehenden kleinen Supermarkt, am Ende einer ruhigen Wohnstraße. Bis 19:00 Uhr sind die ehrenamtlichen Helfer von der Tiertafel und dem IFAW jetzt gefordert. Wie jeden zweiten Mittwoch im Monat, im Hamburger Nordosten.

Tiertafel Deutschland

Ausgabestelle Hamburg
Kara Schott, Leitung der Ausgabestelle
Tel.: 0162 - 136 1169
Mail: hamburg@tiertafel.de
Web: www.tiertafel.de
Anschrift Zentrale
Tiertafel Deutschland e.V.
Semliner Chaussee 8
14712 Rathenow
Spendenkonto
Kontoinhaber: Tiertafel Deutschland e.V.
Kontonummer: 3772852
Deutsche Bank
Bankleitzahl: 120 700 24
Verwendungszweck „Spende Hamburg"

Wartende Hunde
Barbara Wrede

Ein rührender Bildband für alle Hundefans - und treue Menschen!

Überall im Buchhandel
Mehr Infos unter
www.fredundotto.de
ISBN: 978-3-9815321-2-8

22,90 Euro

Medizin auf vier Pfoten
Die VITA-Assistenzhunde

Das Leben von Frieda ist um so vieles einfacher und reicher geworden, seit Fellow, ihr vierbeiniger Freund, im Alltag hilft und Tag und Nacht für sie da ist. Es ist nicht länger ein Kraftakt, Socken aus der Schublade zu holen oder eine Tür zu öffnen. Freudig übernimmt das Fellow für sie. Mit ihm hat Frieda einen vierpfotigen Partner an der Seite, der sich jeden Morgen freut, wenn sie die Augen aufmacht und jeden neuen Tag mit fröhlichem Schwanzwedeln begrüßt. Fellow ist eifrig darauf bedacht, ihr das Leben zu erleichtern, zu helfen, da zu sein und nicht von ihrer Seite zu weichen. Fellow ist ein von VITA e. V. ausgebildeter Assistenzhund – ein Profi auf seinem Gebiet.

Englisches Vorbild

Tatjana Kreidler gründete im März 2000 den gemeinnützigen Verein VITA e.V. Assistenzhunde (VITA) nach englischem Vorbild. Bisher hat VITA bereits 38 Kindern und Erwachsenen mit körperlicher Behinderung – unabhängig ihrer finanziellen Situation – einen ausgebildeten Assistenzhund zur Seite gestellt. VITA-Assistenzhunde werden nach den internationalen Standards und Richtlinien des Dachverbands Assistance Dogs Europe (ADEu) ausgebildet. ADEu setzt hohe Qualitätsstandards bei der Ausbildung von Mensch und Hund an, prüft die Verwendung von Spendengeldern und achtet insbesondere auf das Wohlergehen der Tiere. 38 Mal haben die von VITA ausgebildeten vierbeinigen Helfer „ihren" Menschen bereits zu mehr gesellschaftlicher Inklusion, Selbstvertrauen, Unabhängigkeit und Lebensqualität und dadurch auch zu gesteigertem Lebensmut und vor allem mehr Lebenslust verholfen.

Medizin auf vier Pfoten

Ein VITA-Assistenzhund ist „Medizin auf vier Pfoten"! Er ist ein praktischer Helfer, treuer Partner, Eisbrecher und Mittler und wirkt auf verschiedenen Ebenen: psychisch, physisch, sozial und kognitiv. Er unterstützt bei alltäglichen Aufgaben, z. B. apportiert er Gegenstände, assistiert beim An- und Ausziehen und holt im Ernstfall Hilfe. Er öffnet Türen – im realen und auch im übertragenen Sinne. Ein Assistenzhund schafft Kontakte zu anderen Menschen, steht treu zur Seite und vertreibt trübe Gedanken. Er liefert Gesprächsstoff und mindert Hemmschwellen, er hilft, das Leben zu (er)leben.

Echte Partner

Ausgebildet werden die Hunde (ausnahmslos Retriever) nach der von der Vereinsgründerin entwickelten Kreidler-Methode. Mit dieser werden Mensch und Hund füreinander sensibilisiert und zu echten Partnern gemacht. Die Kreidler-Methode basiert auf Empathie und Motivation. Durch freundliche Autorität, Ruhe und Geduld wird die vertrauensvolle Bindung zwischen Mensch und Hund gefördert. Es ist kein starres Konzept, sondern wird – unter Einbeziehung neuester wissenschaftlicher Erkenntnisse und bestehender Erfahrungen – stetig weiterentwickelt. Von Anfang an stand der Hund und sein Wohlbefinden dabei im Mittelpunkt. Denn – so die VITA-Philosophie – „Nur wenn es dem Hund gut geht, kann er dem Menschen helfen!" Fachkompetenz, kynologisches Wissen und viel Verständnis ist bei der Ausbildung eines vierbeinigen Partners und auch bei der mindestens sechswöchigen Zusammenführung eines Mensch-Hund-Teams gefragt. Die beiden, die fortan gemeinsam ihren Weg gehen, müssen nicht nur gut zueinander passen, sie müssen einander vertrauen, Geduld haben und sich miteinander wohlfühlen. Das ist ein hoher Anspruch. VITA vermittelt den zukünftigen Assistenzhund-Besitzern nötigen Sachverstand, von den Grundlagen der Kommunikationsformen des Hundes über Lerntheorien bis hin zu tiermedizinischem Fachwissen. Sie erfahren wie ihr Hund denkt, welche Eigenheiten und Gewohnheiten und welche Stärken und Schwächen er hat und wie er mit ihnen kommuniziert. Der Hund soll in seinem neuen Zuhause an Altgewohntes anknüpfen können, das geht von in einer gewohnten Stimmlage gesprochenen Kommandos über das gewohnte Futter bis hin zum Erlernen neuer Aufgaben. Somit trägt VITA Sorge, dass der tierische Helfer fair, artgerecht und respektvoll behandelt wird.

Frieda und Fellow

Ausbildung

Die Zusammenführung der Mensch-Hund-Teams findet im Ausbildungszentrum in Hümmerich statt. In der Eingewöhnungsphase werden zwei, manchmal auch drei künftige Teams Tag und Nacht in eine familiäre Gemeinschaft eingebunden. Entscheidend dabei ist, dass die Chemie zwischen den beiden stimmt, denn nur dann können Hund und Mensch zu einem harmonischen Team zusammenwachsen. Schritt für Schritt übernehmen die neuen Besitzer Mitverantwortung für ihren Gefährten. Da die Eltern der VITA Kinder-Teams nach der Zusammenführungsphase die Aufgabe haben das Team zu leiten und für das Training und das Wohlergehen des Vierbeiners zu sorgen, werden auch sie in die Ausbildung eingebunden. Nach der

Vita Teamtraining

Übergabe wird die VITA-Arbeit in Form von regelmäßiger Nachbetreuung fortgesetzt. Parallel werden die Teams dazu angehalten, sich untereinander mit- und voneinander lernend auszutauschen, was einen wichtigen Teil des VITA-Konzeptes ausmacht. Die Ausbildung eines Assistenzhundes kostet über 25.000 Euro. Leider erhält der Verein keine öffentlichen Fördermittel und auch die Krankenkassen beteiligen sich nicht an den Kosten. Diese müssen ausnahmslos durch Spenden, Fördermitglieder und Sponsoren gedeckt werden.

VITA-Hunde leisten Erstaunliches, sie verhelfen Erwachsenen und Kindern zu mehr Lebensqualität. Sich aus Einsamkeit und Abhängigkeiten zu lösen, sind für sie Geschenke von unschätzbarem Wert.

VITA e.V. Assistenzhunde sucht Hundepaten

Um weitere Assistenzhunde ausbilden zu können, werden immer wieder ehrenamtliche Helfer gesucht – allen voran Hundepaten! Ein Hundepate zieht die ausgesuchten Retrieverwelpen auf, bevor diese im Alter von ca. 12 bis 16 Monaten zur Assistenzhunde-Ausbildung von VITA-Trainern übernommen werden und anschließend ihre Aufgabe antreten. Wenn Sie Pate werden möchten, so spielt Ihr familiäres Umfeld keine Rolle. Ob Familie oder alleinstehend, bereits mit oder ohne Hund, VITA-Paten leben in ganz unterschiedlichen Lebenssituationen. Der Welpe wird Ihnen im Alter von ca. zehn Wochen übergeben, so wird bereits seine Prägephase für die Erziehung genutzt. Nehmen Sie einen Welpen auf, zeigen Sie ihm die Welt mit all ihren Facetten. Bei Ihnen lernt er z.B. vielseitige Geräusche, den Straßenverkehr, Geschäfte und Menschen kennen. Sozialisieren Sie ihn, bauen Sie Vertrauen auf – nach den positiven Erziehungsmethoden von Tatjana Kreidler. Die Welpen werden sanft, jedoch konsequent erzogen. Sie nehmen mit Ihrem Welpen regelmäßig an den VITA-Welpenkursen teil und auch ansonsten steht Ihnen das Team bei allen Fragen und Problemen bei.

Wir sprachen mit einem der Paten über seine Erfahrungen. Dieter Protzmann ist seit 2006 Pate bei VITA. Drei der von ihm aufgezogenen Hunde sind bereits bei einem hilfsbedürftigen Menschen angekommen und erfüllen ihre Aufgabe zu aller Zufriedenheit. Den vierten hat er gerade in seine Obhut genommen.

Wie sind Sie VITA-Pate geworden?

Tatsächlich durch Zufall. Ich selbst wollte keinen Hund mehr durch Tod verlieren, nachdem meine drei Hunde im hohen Alter verstorben waren. Im Wald traf ich eine Frau, die gerade einen Welpen als VITA-Patin betreute. Das gefiel mir und ich informierte mich. Durch VITA habe ich die Gelegenheit einen Hund um mich zu haben und gleichzeitig etwas Gutes zu tun.

Assistenzhund beim Taschetragen

Was genau machen Sie denn mit den Hunden?

Ich bereite sie gründlich auf ihr Leben vor. Ich nehme sie überall mit hin, wir fahren Aufzug, Auto, U-Bahn, Fahrrad. Sie lernen Menschen in Einkaufszentren kennen, dürfen ins Wasser, lernen Alltagssituationen kennen und die Grundbegriffe, die ein Hund kennen muss. Ich sozialisiere ihn. Das wichtigste ist, dass sie lernen auf mich zu achten. Sie lernen nicht wegzulaufen, in meiner Nähe zu bleiben und auf mich aufzupassen. Da wir eine innige Beziehung zueinander haben, lernen die Hunde schnell und sie erledigen ihre Aufgaben gut.

Werden Sie von VITA unterstützt?

Ja. Einmal in der Woche gehe ich mit ihnen zum VITA-Training. Dort lerne ich dem Hund die richtigen Signale zu geben, die, mit denen er später auch mit seinem neuen Besitzer kommunizieren wird. Und der Hund lernt auch zum Beispiel Rollstühle kennen.

Bringen Sie ihm auch andere Sachen bei, zum Beispiel Türen öffnen oder beim Anziehen helfen oder ähnliches?

Nein. Die letzte Phase ihrer Ausbildung (ca. 10 bis 12 Monate) verbringen die Hunde bei VITA. Dort werden sie speziell in ihre zukünftigen Aufgaben eingewiesen, um ihrem zukünftigen Besitzer das Leben zu erleichtern.

Sehen Sie "Ihre" Hunde denn auch mal wieder?

Ja, bei verschiedenen Anlässen. Im Training manchmal. VITA organisiert einige Veranstaltungen im Jahr, unter anderem Charity Galas, Charity Working Tests, einen Stand auf dem Wiesbadener Pfingstturnier und noch einiges anderes. Bei einigen Gelegenheiten sind dann auch die neuen Besitzer mit ihren Hunden da. Es ist jedesmal wieder schön!

VITA e.V. Assistenzhunde

Karlshof 1a , 53547 Hümmerich
Website: www.vita-assistenzhunde.de
E-Mail: info@vita-assistenzhunde.de
Spendenkonto:
Deutsche Bank
Bankleitzahl: 500 700 24, Kontonummer: 3 010 915
IBAN DE63 5007 0024 0301 0915 00 / BIC DEUTDEDBFRA

Versicherung & Schutz

Wir geben es gerne zu: Es ist nicht unbedingt das spannendste Thema, darüber nachzudenken, was alles Schlimmes mit dem eigenen Hund passieren könnte. Aber es ist nun einmal eine Tatsache, dass auf der Welt viele verdammt dumme Dinge passieren. Und zwar immer genau dann, wenn man gar nicht damit rechnet. Der Dackel bleibt im Dachsbau stecken, der junge Rüde rennt quer über die Straße, der läufigen Dame seines Herzens hinterher. Versicherungen sind also auf jeden Fall ein Thema für Hundebesitzer. Und wie man seinen Hund wiederbekommt, wenn er mal verloren gegangen ist, das verrät ein Interview mit dem Verein Tasso. Wir können uns übrigens Glücklich schätzen, wenn unser Hund hier in Hamburg von der Feuerwehr gerettet werden muss: In der Hansestadt ist die Tierrettung grundsätzlich kostenlos.

„Lohnt sich eine Krankenversicherung für meinen Hund?"

„3.000 Euro hat die komplette Bandscheibenbehandlung im Herbst 2012 bei Takis gekostet. Das ging ganz schnell: MRT, Operation, die Medikamente, der Klinikaufenthalt. Im Anschluss an die OP, dann die Nachbehandlung beim Physiotherapeuten und beim Osteopathen." Rückblickend sagt Dörte Hauschild, dass sie bei ihrem nächsten Hund sicherlich darüber nachdenken wird, eine entsprechende Krankenversicherung oder wenigstens eine OP-Versicherung abzuschließen. Für Ihren Takis ging das vor seiner Operation nicht mehr, weil er bereits das Ausschlussalter vieler Versicherungen überschritten hatte. Viele Hundebesitzer sind sich bewusst darüber, dass ein Arztbesuch mit ihrem Vierbeiner ziemlich teuer werden kann. Kleine Wehwehchen reißen zwar noch kein Loch in die Haushaltskasse, aber was passiert eigentlich, wenn der Hund wirklich einmal ernsthaft erkrankt oder sogar eine Operation, wie bei Takis, ansteht? Man kann fast alles versichern. Aber lohnt sich das am Ende auch?

Neben der Krankenversicherung gibt es noch die OP-Versicherung

Nahezu ein Rundumsorglos-Paket ist die Krankenversicherung für den Hund. Die meisten Kosten beim Tierarzt werden von dieser Versicherung übernommen: Vorsorge, Untersuchungen, Impfungen, Wurmkuren, Kosten für Operationen und Medikamente und teilweise sogar die Kosten für Naturheilbehandlungen oder eine Physiotherapie. Dabei ist die Höhe der Beitragszahlung natürlich von unterschiedlichen Faktoren abhängig, wie dem Alter, der Größe, der Rasse und den Vorerkrankun-

Für den Notfall bereit sein – auch bei Hunden kann jederzeit was passieren

gen des Hundes. Für größere Hunde kommen da schnell rund 40 Euro im Monat zusammen. Ganz wichtig dabei: es gibt Versicherungen, die Hunde nur bis zu einer bestimmten Altersgrenze aufnehmen. In den meisten Fällen liegt diese Grenze bei sechs bis sieben Jahren. Als Hundehalter sollte man sich also gut überlegen, wann man eine Versicherung abschließt. Wem die monatlichen Kosten für eine Hunde-Krankenversicherung zu hoch erscheinen, der kann als Alternative dazu eine OP-Versicherung abschließen. Diese Art der Vorsorge deckt in den meisten Fällen die Kosten für eine Operation, die benötigten Medikamente und teilweise sogar den Klinikaufenthalt. Weitergehende Behandlungen und Untersuchungen werden von so einer OP-Versicherung allerdings nicht übernommen. Aber auch hier gilt: Es kommt immer auf den Hund, seine Gesundheit und den speziellen Einzelfall an. Am besten hält man vor dem Abschluss einer Hundekranken- oder OP-Versicherung ausführlich Rücksprache mit seinem Tierarzt. Denn der kann den Gesundheitszustand des Hundes am besten beurteilen und er kennt auch mögliche Vorerkrankungen, die unter Umständen zu veränderten Versicherungsbedingungen führen können. Eines ist jedoch ganz klar: Als verantwortungsvoller Hundebesitzer sollte man sich immer darüber im Klaren sein, dass ein Hund krank werden und dann viel, viel Geld kosten kann.

„Nicht umsonst und auch noch kostenlos"
Tierrettung in Hamburg ist gebührenfrei

In den Hamburger Grünanlagen und Waldgebieten herrscht bekanntermaßen die allgemeine Anleinpflicht für Hunde. Ausgenommen sind natürlich Hunde mit einer sogenannten Leinenbefreiung. Aber wenn man ehrlich ist, nehmen es die Hamburger Hundebesitzer mit dieser Verordnung nicht ganz so genau. Im schlimmsten Fall, so denken viele, droht ein Verwarnungsgeld von maximal 35 Euro vom Ordnungsamt. Manchmal kann aber auch aus vermeintlich harmlosen Situationen ein kostspieliger Ernst werden. Im November 2012 musste eine Tierärztin aus Berlin tief in die Tasche greifen, als sich der Abendspaziergang mit Terrier Skipper zur bis dato teuersten Tierrettung Berlins wurde. Skipper witterte in einem Waldstück einen Dachs und riss sich von der Leine los. Die Jagd endete für Skipper drei Meter unter der Erde im Dachsbau. Der Hund hatte sich mit der hinterhergeschliffenen Leine verheddert und kam nicht mehr von alleine an die Oberfläche. Also schnell die Berliner Feuerwehr angerufen und die kam dann auch postwendend: Mit einem technischen und personellen Großaufgebot. Insgesamt 40 Einsatzkräfte, unterstützt vom Technischen Hilfswerk, buddelten den gesamten Dachsbau frei. Nach sieben Stunden Plackerei sprang Skipper aus der immerhin schon drei Meter tiefen Grube in die Arme Ihrer Besitzerin. Diese traute allerdings ihren Ohren nicht, als der leitende Feuerwehrmann die von ihr zu tragenden Einsatzkosten auf etwa 10.000 Euro schätze. Am Ende sind 14.000 Euro dabei herausgekommen. Denn die Berliner Feuerwehr rechnet Einsätze der Tierrettung „minutengenau" nach der „Feuerwehrbenutzungsgebührenordnung" ab. Darin ist geregelt, dass z. B. ein Löschfahrzeug pro angefangener Minute 4,70 Euro kostet. Ein Kranwagen sogar 11,60 Euro pro Minute. Auch die Arbeitszeit des Feuerwehrpersonals wird in der Gebührenordnung auf den Cent genau beziffert: So kostet ein Feuerwehrmann des technischen Einsatzdiensts pro Minute 71 Cent, ein Beamter im höheren Dienst 25 Cent mehr. Da beim Einsatz in der besagten Novembernacht 40 Beamte über sieben Stunden arbeiteten, läpperten sich allein die Personalkosten auf über 10.000 Euro. Auch in Hamburg sind die Kosten für eine Rettungsaktion auf Grund der eingesetzten technischen Geräte und der menschlichen Helfer in absoluten Zahlen gerechnet ähnlich hoch. Umso erfreulicher, dass die Hamburger Feuerwehr die Kosten für Tierrettungen zwischen Alster und Elbe - im Gegensatz zu Berlin - Hundebesitzern nicht in Rechnung stellt. Auf Nachfrage hat Hendrik Frese aus der Pressestelle der Hamburger Feuerwehr FRED & OTTO gegenüber erklärt, dass die Tierrettung in Hamburg grundsätzlich kostenlos ist. Die Berliner Tierärztin ist übrigens auf den ca. 14.000 Euro sitzengeblieben, da ihre Versicherung den Betrag nicht übernommen hat. Wie gut, dass die Freunde und Helfer in Hamburg wenn nicht umsonst, so doch immerhin kostenlos ausrücken, um zu helfen.

Werbung

Giftköder
Eine Gefahr für Mensch & Tier!

Fast täglich müssen unschuldige Hunde grausam verenden, weil brutale Tierquäler vergiftete- oder mit Rasierklingen gespickte "Leckerli" ausgelegt haben.

Giftköder Radar - Die erste App für iPhone, iPad und iPod Touch, die Sie automatisch vor tötlichen Köderfallen in der Umgebung warnt.

Mehr Sicherheit für deinen Hund! www.giftkoeder-radar.com

„Vermisst & Gefunden"

Der Verein Tasso hilft seit über 30 Jahren, wenn Haustiere ausgebüchst sind

Die FRED & OTTO-Redaktion hat mit

Tasso-Plakette

Andrea Thümmel über die Arbeit von Tasso gesprochen. Seit über 30 Jahren widmet sich TASSO im Tierschutz der Registrierung und Rückvermittlung entlaufener Tiere. So wird mittlerweile alle 10 Minuten ein entlaufenes Tier durch TASSO zurückvermittelt. Daneben unterstützt der Verein verschiedene Tierschutzprojekte im In- und Ausland. Mit seinen Kampagnen weist TASSO auf wichtige Themen rund um Hund (und Katze) hin.

Weshalb ist es so wichtig, sein Tier chippen und registrieren zu lassen?
Ohne die – übrigens kostenlose - Registrierung ist ein entlaufenes Tier so gut wie gar nicht an seinen Besitzer zurück zu vermitteln. Der Chip ist der Personalausweis des Tieres. Der dort gespeicherte 15-stellige Zahlencode wird bei TASSO mit den Tier- und Halterdaten in der Datenbank hinterlegt. So kann sekundenschnell eine Zuordnung eines entlaufenen Tieres zu seinem Besitzer erfolgen.

Muss man für das Registrieren tatsächlich immer noch so viel Öffentlichkeitsarbeit machen?
6,5 Millionen registrierte Tiere in unserer Datenbank hören sich natürlich nach viel an und die Tierärzte unterstützen uns auch seit Jahren mit Aufklärungsarbeit. Dennoch ist bisher nur knapp jedes zweite Tier bei TASSO registriert. Wenn man bedenkt, dass die Registrierung bei TASSO den deutschen Tierheimen Kosten in Mil-

lionenhöhe spart, wenn ein Ausreißer anstatt im Tierheim wieder zuhause landet, dann ist jede Art der Öffentlichkeitsarbeit wichtig und sinnvoll.

Wenn mein Hund weggelaufen ist: Wie bekomme ich ihn am schnellsten wieder?
Der erste Schritt im Verlustfall sollte immer sein, bei TASSO in der Notrufzentrale anzurufen. Dort ist 24 Stunden an 365 Tagen im Jahr ein Mitarbeiter erreichbar, der weiterhilft. Wenn das Tier unsere SOS-Halsbandplakette am Halsband trägt, kann der Finder Ihres Tieres uns anrufen. Die Zusammenführung von Finder und Besitzer geht dann meist ganz schnell. Wichtig ist in diesem Zusammenhang, keine private Telefonnummer bei der Suche nach dem Tier zu veröffentlichen. Wir erleben es immer wieder, dass das Erpresser auf den Plan ruft, die ein Tier nur dann zurückgeben, wenn ein Lösegeld gezahlt wird.

Wie sieht eigentlich der Alltag in der Tasso-Zentrale aus? Was sind das für Situationen, die man täglich erlebt?
Tierschutz ist immer mit Emotionen verbunden, auch nach 30 Jahren noch. Oft sind die Kollegen wahre Seelentröster, wenn ein Tier vermisst wird oder weniger erfreuliche Nachrichten übermittelt werden müssen; am nächsten Tag sind sie dann die Helden, wenn das Tier wieder da ist. Lachen und Weinen liegt da ganz nah beieinander und gehört fast schon zum Alltag.

Wie kam es eigentlich zur Gründung von Tasso?
TASSO wurde gegründet, um dem damals vorherrschenden Tierdiebstahl einen Riegel vorzuschieben. Das hat auch wunderbar funktioniert. Im Laufe der Jahre wurde die Rückvermittlung entlaufener Tiere aber immer wichtiger.

Mittlerweile machen Sie ja wesentlich mehr als am Anfang. Wie kam es dazu?
Für viele Tierhalter ist TASSO der Ansprechpartner, wenn es um das Thema „Tier" geht - ganz gleich welcher Art. Neben der Registrierung rückten daher immer mehr Themen in den Vordergrund: Die Aufklärung über unseriöse Hundevermehrer in Deutschland zum Beispiel oder die Tatsache, dass man seinen Hund im Sommer nicht im verschlossenen Auto lässt. So entstand zum Beispiel auch unser eigenes Tier-Vermittlungsportal shelta, auf das Tierheime ihre Vermittlungstiere kostenlos einstellen können.

TASSO-Haustierzentralregister für die Bundesrepublik Deutschland e.V.

Frankfurter Str. 20
65795 Hattersheim
GERMANY
Tel.: 06190 - 937 300
Mail: info@tasso.net
Web: www.tasso.net
Sie können Tasso auch direkt unterstützen:
Nassauische Sparkasse
Konto: 238 054 907
BLZ: 510 500 15

Werbung

tierversicherung.biz
Telefon: 02233/99076050
Sondertarife im Bereich Hundehaftpflicht und Hundekrankenversicherung

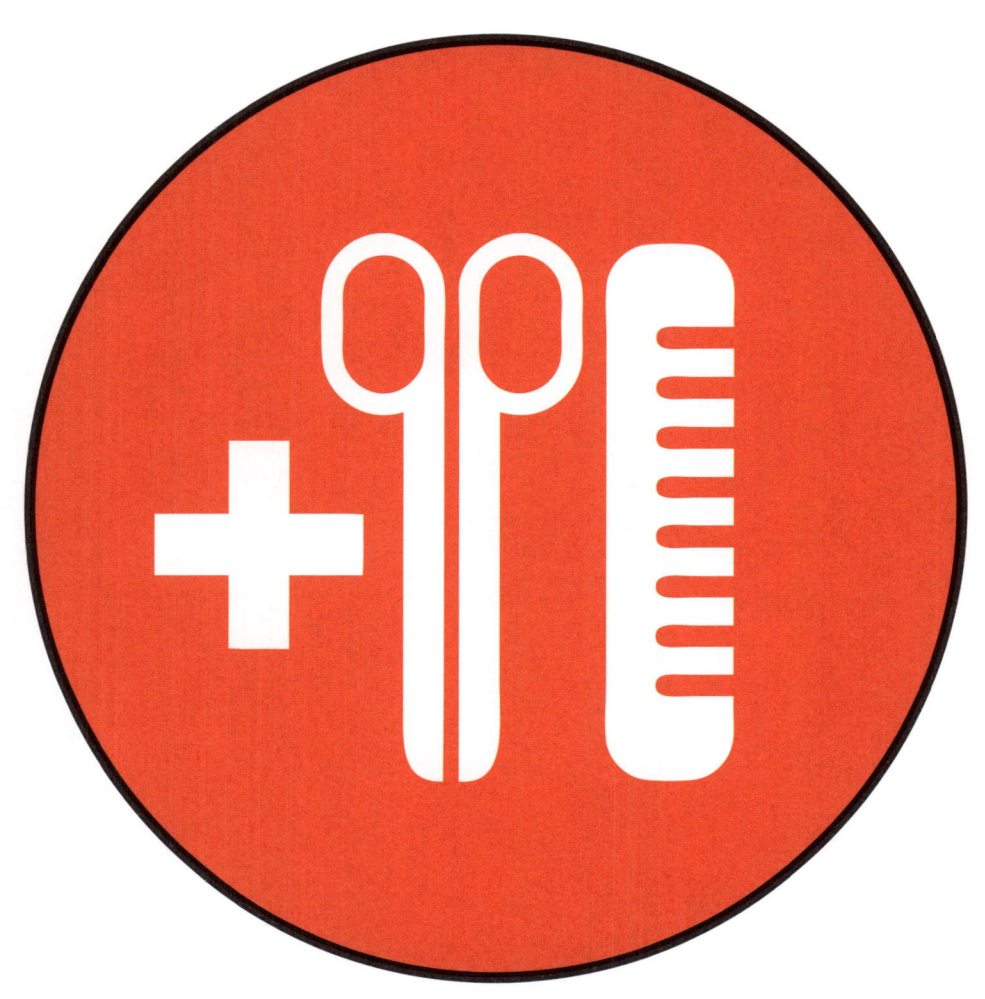

Gesundheit & Wellness

Gesundheit und Wellness sind zwei ganz verschiedene Sache. Bei dem einen Thema geht es zur Sache. Bei dem anderen kann man sagen „ist ja ganz schön, muss aber nicht sein". Wenn Hunde sich wohlfühlen und es ihnen gut geht, hat das natürlich auch Auswirkungen auf ihre Gesundheit. Ob Hundesalonbesuche jedermanns- pardon: hundessache sind, darf getrost bezweifelt werden. Manch ein Hundehalter schwört geradezu darauf, dass der Besuch im Hundesalon dazu gehört, wie die regelmäßige Tierarztvisite und die Wurmkurm. Wenn es ernst werden sollte und sich der Hund (schwer) verletzt hat, dann ist schnelles Handeln angesagt. Erste Hilfe am Hund. Sind Sie fit? Und wo finden Sie mitten in der Holsteinischen Schweiz oder der Wilstermarsch den nächsten Tierarzt? Wir haben in diesem Kapitel einige Aspekte herausgegriffen: Wie Wurmkuren auch den Menschen schützen und die immer wiederkehrende Frage bei Stadthunden: Kastration - ja oder nein?

Jutta Bruse führt Hamburgs ältesten Hundesalon

„Aber bitte nicht wie ein Pudel..."

Zu Besuch in Hamburgs ältestem Hundesalon

Felltattoos zum Auswaschen, bunt lackierte Hundekrallen oder eine Farbauffrischung fürs Fell: In der Hundewelt gibt es offensichtlich nichts, was es nicht auch für Hundebesitzer gibt. Bei Jutta Bruse läuft das anders! Sie betreibt seit mehr als 30 Jahren einen Hundesalon in Hamburg. Vor 41 Jahren begann sie in diesem Salon ihre Ausbildung zur Hundepflegerin. Nach ihrer bestandenen Lehre hat sie dann noch ein Diplom für die Pflege aller Rassen gemacht. Baden, Föhnen, Schneiden ist zwar das Tagesgeschäft, aber längst nicht alles, was in ihrem Hundesalon in Hamburg-Barmbek an Pflege und Dienstleistungen angeboten wird. Wir haben mit Jutta Bruse gesprochen, kurz bevor sie beginnt, einen dreifarbigen Parson-Jack-Russell-Terrier sommerfertig zu trimmen. Der Hund steht auf dem Behandlungstisch und verfolgt das Treiben um sich herum mit wachen Augen.

Frau Bruse, Sie sind seit 41 Jahren hier vor Ort in diesem Geschäft als Hundepflegerin tätig. Welches Angebot bieten Sie Hunden und Hundehaltern an? Da gibt's doch sicherlich mehr, als „nur" Haareschneiden und Ohrenreinigen?

„Bei uns gibt es alles, was Hunden gut tut. In der Hauptsache ist das die Fellpflege: Baden, Föhnen, Schneiden. Das ist tatsächlich unser Hauptgeschäft. Auf Wunsch schneiden wir natürlich auch die Krallen Ihres Hundes oder drücken ihm die Analdrüsen aus, wenn ein Hundebesitzer damit nicht extra zu seinem Tierarzt gehen möchte. Sie können auch kurz zwischendurch bei uns vorbeikom-

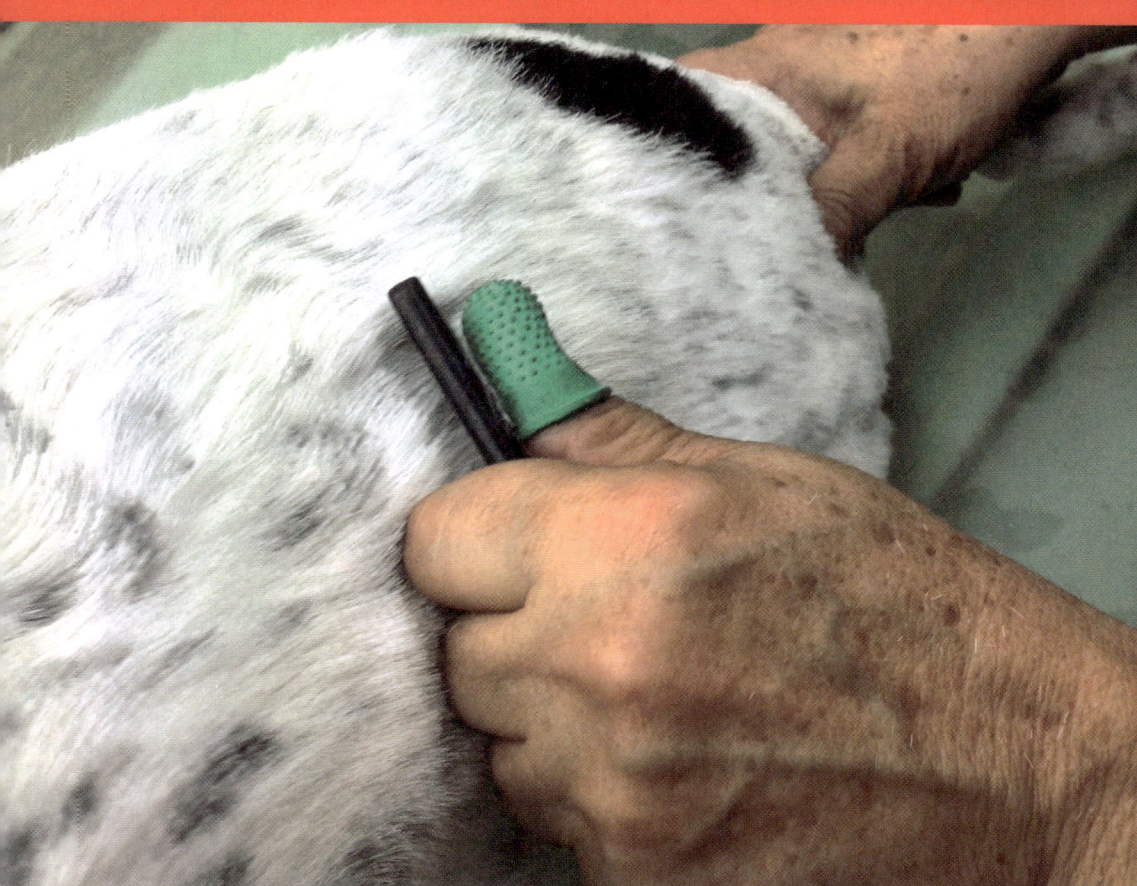
Jutta Bruse arbeitet mit Trimmmesser und Trimmdaumen.

men, wenn sich Ihr Hund im Dreck gewälzt hat. Dann baden wir ihn und Sie brauchen sich dann zu Hause nicht mehr darum kümmern. Wir haben sogar Kunden, die bringen ihren Hund regelmäßig einmal pro Woche zum Bürsten bei uns vorbei. Und wenn Sie Ihren Hund nicht alleine zu Hause lassen können - es gibt ja Hunde, die können nicht alleine in der Wohnung bleiben - dann passen wir da auch schon mal für eine kurze Zeit drauf auf. Das alles verstehen wir unter Service. Und dann bekommen Sie bei uns vorne im Ladengeschäft natürlich noch Hundeleinen, Halsbänder und Spielzeug für Ihren Hund."

Welche Ihrer Dienstleistungen werden zu Zeit am Meisten nachgefragt?

„Im Sommer kommen viele Hunde zu uns, die wir für die warme Jahreszeit trimmen. Das Hundefell ist die Klimazone vom Hund. Im Winter wärmt es und im Sommer schützt es ihn vor zu viel Sonne. Je nach Rasse scheren wir dann den Hund ab oder ziehen die Haare mit einem Trimmdaumen und einem Trimmmesser heraus. Der beste Zeitpunkt dafür ist bei Rauhaarrassen entweder im Oktober oder im März. Dann ist das Fell bis zum Sommer bzw. Winter wieder so dicht, dass der Hund nicht friert bzw. keinen Sonnenbrand bekommt. Das ist

Ich hab die Haare schön...

passiert zwar nur sehr selten, aber ich hatte einmal einen Kunden, dessen Pudel einen Gletscherbrand erlitten hat. Der Mann war mit dem Hund in den Bergen unterwegs. Und durch die Sonnenstrahlen und die Reflektion von Eis und Schnee da oben hat das arme Tier diesen Gletscherbrand erlitten und plötzlich sind ihm auf dem Rücken alle Haare ausgefallen."

Welche Hunderassen kommen am häufigsten in Ihren Salon? Hat sich das während in den vergangenen Jahren verändert?

„Damals war das so, dass die Herren gerne mit einem Airedale Terrier oder einem Dackel zu mir gekommen sind. Die waren als Begleithunde für Spaziergänge in den Wald sehr beliebt. Bei den Damen waren eher Pudel und Cockerspaniel in Mode. So etwas ähnlich habe ich vor einigen Jahren wieder festgestellt. Seit Paris Hilton mit ihrem Chihuahua als Accessoire in der Handtasche in den Medien aufgetaucht ist, hat ein richtiger Run auf diese kleinen Hündchen eingesetzt. 2011 war das die große Mode. Mittlerweile ebbt das wieder auf ein Normalmaß ab."

Seit wann gibt es denn eigentlich Hundesalons?

„Also in den zwanziger Jahren hatten die ganz reichen Menschen nicht nur ihre

Haus- und Kindermädchen. Damals gab es auch richtige Hundemädchen. Das ist so ungefähr wie ein Pferdepfleger auf einem Gestüt. Nur, dass diese Mädchen sich um die Hunde in den Familien gekümmert haben. Die haben ihn gebadet, ihm das Fell gepflegt, sind mit ihm spazieren gegangen und haben dafür gesorgt, dass sich der Hund nicht langweilt und dass es ihm gut geht."

Im Gegensatz zu den USA, wo der Schönheitswahn mancher Hundebesitzerin vor ihrem Tier nicht halt macht, ist die Hundepflege in Deutschland ein solides Handwerk. Jutta Bruse schmunzelt über Menschen, die glauben, in mehrwöchigen Fortbildungskursen die Fertigkeiten einer Tierpflegerin erlernen zu können. „Das Hobby zum Beruf machen" wird das gerne genannt. Die gebürtige Hamburgerin wollte nie ihr Hobby zum Beruf machen. Als sie zehn Jahre alt war, kam Teddy, ein sich in schlechtem Zustand befindender Chow-Chow in ihre Familie. Ein Jahr lang hat Jutta Bruse das zerzauste Fell des Hundes gebürstet und gepflegt. Solange, bis Teddy wieder wie ein Chow-Chow aussah. Da hat sie beschlossen, Tierpflegerin zu werden und direkt nach der Schule ihre Ausbildung begonnen.

In Hamburg war die heute 58jährige seinerzeit die erste Auszubildende als Tierpflegerin in einem Hundesalon. Die Berufsschulbank hat sie mit den Tierpflegern aus Hagenbecks Tierpark gedrückt. Vor mehr als dreißig Jahren hat sie den Salon, in dem sie vor 41 Jahren ihre Ausbildung begonnen hat, von ihrer Lehrmeisterin Frau Flamm übernommen. Deren Vorgängerin und Gründerin des Salons, Frau Petersen, hat sich eine Farm in Südafrika gekauft und dort einen Hundesalon aufgemacht. Lange her das Ganze.

Gibt es Rassen, deren Fell sich einfacher pflegen lässt als andere?

„Pudel und Bolonkas. Wobei der Pudel noch einfacher zu pflegen ist: Baden, Föhnen, Schur: fertig. Die haben sehr standfestes Haar. Ein Pudel sollte übrigens alle acht Wochen zur Schur gehen. Und es stimmt tatsächlich: Ein Pudel verliert keine Haare. Im Gegensatz dazu sollten Labradore nicht geschoren werden. Die haben ja eh ein kurzes Fell. Das könnte dann ungleichmäßig nachwachsen und was noch schlimmer ist: es könnte zu Hautirritationen kommen. Bei uns im Salon werden Labradore gebadet und die losen Haare föhnen wir dann aus."

Haben Sie selbst einen Lieblingshund?

„Mein Lieblingshund ist mein schwarzer Großpudel Johnny. Das war mein Wunschhund. Und dann gibt es da noch meine Jack-Russel Hündin Georgi. Die habe ich aufgenommen, als ihre Besitzerin verstorben ist. Ich habe ein großes Herz für Hunde, deshalb bin ich ja auch ehrenamtlich im Tierschutz aktiv. Wenn so arme Hunde aus Spanien hier in Hamburg ankommen, dann bade und trimme ich sie unentgeltlich, bevor sie zu ihrem neuen Besitzer weitergegeben werden. Das ist meine Art und Weise, zu helfen."

Mittlerweile hat Jutta Bruse die Haare des Terriers auf ihrem Behandlungstisch mit ihrem grünen Trimmdaumen und einem Trimmmesser herausgezogen. Langhaarrassen behandelt sie mit Schere und Maschine. Mit einem Schmunzeln beantwortet sie die Frage, ob die Hunde gerne zu ihr in den Salon kommen. „Die meisten Hunde sind ganz entspannt, wenn ich mit der Behandlung anfange. Aufgeregt sind Hunde nur, wenn sie wie diese kleinen Schoßhündchen an den wogenden Busen von älteren Damen gedrückt und ganz hektisch auf den bevorstehenden Frisörbesuch hingewiesen werden. Solche Hunde sind dann im ersten Moment tatsächlich aufgeregt. Aber es ist doch so: Die Hunde bei mir auf dem Tisch bekommen sehr viel Aufmerksamkeit von mir, das ist schon spannend für die. Und ich glaube, deswegen kommen die auch gerne zu mir. Aber bei älteren Hunden bin ich selbst manchmal noch aufgeregt und habe richtig Herzklopfen. Bei Terriern zum Beispiel gibt es im Alter dieses Alterszittern. Die schaukeln dann hier auf dem Tisch hin und her und machen, was sie wollen. Und dem soll ich dann das Fell trimmen. Versuchen Sie dann mal, so einem Hund zu erklären, warum es jetzt besser wäre stillzuhalten. Die verstehen einen ja nicht. Und dann hab ich diesen Hund hier in meinen Armen und trage in diesem Moment die ganze Verantwortung für ihn. Da kriege ich schon manchmal Herzklopfen."

Wo ist denn bei Ihnen die Grenze erreicht, was besondere „Kundenwünsche" angeht?

„Krallen lackieren! Das geht gar nicht. Das biete ich nicht an und würde das auch niemals machen! Und was die Pflege angeht: Vor Jahren war ein Ehepaar mit ihrem zwölf Jahre alten Altdeutschen Schäferhund bei mir im Salon. Der war mit seinen zwölf Jahren zum ersten Mal in seinem Leben in einem Hundesalon und sollte geschoren werden. Das habe ich nicht gemacht. Stellen Sie sich mal vor, was für ein Stress das für das arme Tier gewesen wäre. Sich in dem Alter auf eine ganz neue Situation einzustellen. Mein Ansinnen ist es, den Hunden zu helfen. Ihren Mantel zu pflegen. Das können sie ja nicht selbst. Der Hund steht bei mir immer im Mittelpunkt."

Was ist Besonderes hängengeblieben, wenn Sie auf Ihr langes Berufsleben zurückblicken?

„Offenbar haben Hundebesitzer richtig Angst, ich könnte ihrem Hund einen Pudel-Schnitt verpassen. Egal, ob ich einen Schäferhund oder einen Cockerspaniel auf dem Tisch habe. Dabei geht das gar nicht, weil der Pudel ja diese ganz besonderen, festen Haare hat. Trotzdem höre sich seit Jahren immer wieder denselben Satz, wenn die Hunde hier abgegeben werden: ‚Aber bitte nicht wie ein Pudel'."

Die Glocke der Ladentür klingelt. Der frisch getrimmte Terrier wird abgeholt. In den tiefen, schwarzen Sesseln im vorderen Bereich des Salons wartet die nächste Kundin darauf, dass Jutta Bruse ihren Hund auf den Behandlungstisch bittet.

Hundepflege Jutta Bruse

Bramfelder Str. 24
22305 Hamburg
Tel.: 040 - 293 202
Web: www.hundepflege-juttabruse.de

„Der Doktor und das liebe Vieh"
Wenn der Spaziergang in der Katastrophe endet

„Ich hätte nie gedacht, dass ich mal bei einem Hund eine Mund-zu-Mund-Beatmung machen würde. Aber wenn Du mit einem Hund unterwegs bist, hast Du einfach eine tierische Verantwortung." Und manchmal muss man diese Verantwortung wahrnehmen, ohne groß weiter darüber nachzudenken.

Dörte Hauschild erinnert sich noch gut an diesen einen Tag im September des Jahres 2005. Mit den vier Hunden Max, Takis, Zero, Jack und einigen Freunden war sie an der Nordsee in Dänemark unterwegs. „Für die Hunde war es ideal: sie konnten am Wasser toben und über den Strand rennen. Abends hatten sie richtig panierte Schnauzen", erinnert sich Dörte Hauschild. Ihr Jagdhund-Mix Takis hat die Angewohnheit, sich beim Spielen auf den Rücken zu drehen, was typisch für häufig scheue und ängstliche Straßenhunde aus Südeuropa ist. Sie signalisieren damit ihre sofortige Unterwürfigkeit. Beim Spielen mit dem Jack, dem Riesenschnauzer, hatte sich Takis wieder einmal auf den Rücken gedreht.

Jacks Unterkiefer verfing sich dabei in Takis Halsband und schnürte dessen immer weiter zu. Takis hatte zu der Zeit nämlich ein sich selbst zusammenziehendes Halsband aus Stoff umgelegt, weil Dörte Hauschild dabei war, ihm so das ständige Ziehen und Zerren abzugewöhnen.

Mund-zu-Mund-Beatmung beim Hund

Der Unterkiefer des Schnauzers hatte sich inzwischen so fest mit dem Halsband um Takis Hals gedreht, dass dieser schließlich bewusstlos am Strand lag. „Zum Glück bin ich ausgebildete Krankenschwester", erzählt die Hamburgerin mit einem Schmunzeln. „Hundeschnauze zudrücken, tief einatmen und dann in die Hundenase hinein pusten. Das habe ich zwei, drei Mal gemacht und dazu eine Herzdruckmassage. Nach ein paar Minuten hechelte er dann wieder, räkelte sich und setzte sich auf." Dörte Hauschild hatte Takis dann im Ferienhaus auf das Sofa gelegt, damit er sich ein bisschen ausruht. Und nur drei-

Da war die Welt noch in Ordnung - Takis und Max vor der Katastrophe.

ßig Minuten später, erinnert sie sich, war er schon wieder putzmunter und wollte raus an den Strand, mit den anderen Hunden spielen.

Nicht immer ist eine Verletzung oder ein Unfall mit dem Hund so dramatisch, wie oben geschildert. Aber auch bei kleineren Wehwehchen, mitten im Grünen und fernab der Zivilisation ist guter Rat teuer.

Und wie man sich am besten in solch einer Situation verhält, erklärt erklärt Dr. Tina Hölscher, Tierärztin bei „aktion tier". Denn natürlich hängt die richtige Erste Hilfe von der Art der Verletzung ab.

Pfotenverletzungen durch Scherben und andere scharfe Gegenstände bluten fürchterlich. Das ist gut so. Die Blutung spült Verunreinigungen aus der Wunde. Wenn möglich, sollte der Tierhalter mit kaltem, sauberem Wasser nachspülen. Nun kann er für den Transport zum Tierarzt einen provisorischen Verband anlegen. Dieser sollte im Zweifelsfall lieber zu locker als zu eng sein. Die Wunde an sich deckt der Halter mit einem sauberen Taschentuch ab. Die nächste Schicht dient der Polsterung. Hierzu kann Watte, Stoff oder anderes weiches Material verwendet werden. Oben- drauf kommt nun der eigentliche Wickelverband. Muss der Verbandsschutz länger als eine

Stunde auf der Pfote verbleiben, ist es unabdingbar, zwischen den einzelnen Zehen eine Polsterung einzulegen.

Verband lieber zu locker als zu eng

Das ist nicht ganz einfach. Dabei darf am Vorderfuß die Daumenkral- le nicht vergessen werden! Unterbleibt die- se Extrapolsterung, entwickeln sich inner- halb kurzer Zeit Entzündungen zwischen den Zehen. So versorgt geht es nun zum Tierarzt. Der kann entscheiden, ob genäht werden muss oder nicht. Insektenstiche treten vor allem in den Sommermonaten auf. Wirklich lebensbedrohlich gefährdet durch Stiche sind jedoch nur allergische Tiere. Doch leider weiß man erst hinter- her, ob sein Tier überempfindlich reagiert. Daher sollte jeder Stich so gut als möglich gekühlt werden. Bei Stichen im Bereich der Maulhöhle ist in jedem Fall unverzüglich ein Tierarzt aufzusuchen. Durch Medikamente kann er Schwellungen der Atemwege entgegenwirken. Weiß der Besitzer um eine entsprechende Empfindlichkeit seines Tieres, ist es sicherer, Notfall-Medikamente zumindest im Sommer ständig mit sich zu führen. Läsionen durch Stöckchenwerfen stehen auf der Häufigkeitsskala ebenfalls ganz oben. Dringen Äste oder Teile davon in den Körper ein, spricht man von einer Pfählungsverletzung. So etwas kann übel ausgehen, vor allem dann, wenn der Stock nicht in Gänze wieder entfernt werden kann, und kleine oder auch große Spreißel im Hals stecken bleiben. Sie verursachen Schwellungen und Entzündungen, die nur dann in den Griff zu bekommen sind, wenn das auslösende Agens – sprich das Holzteil – durch eine Operation entfernt wird.

Maulhöle gründlich absuchen

Hat der Besitzer den Verdacht, es könnten sich Spielzeugreste welcher Art auch immer im Maul befinden, muss die Maulhöhle bei gutem Licht gründlich abgesucht werden. Ist der Hund das gewohnt, macht er dieses Prozedere gut mit. Daher sollte so etwas geübt werden, bevor der Ernstfall eintritt. Entdeckt der Besitzer Stöckchenüberbleibsel, müssen die raus. Schafft er es nicht alleine, bleibt doch nur wieder der Gang zum Tierarzt. Der kann den Hund im ungünstigsten Fall narkotisieren und mittels Endoskop Fremdkörper herausholen. Kleinere Verletzungen mit Schürfcharakter durch Raufereien heilen in der Regel von alleine ab. Desinfektion und Schur der Umgebungshaare unterstützen die Heilung. Werden Wunden jedoch rot, dick, schmerzhaft oder tritt Flüssigkeit aus, hat sich die Sache entzündet und muss tierärztlich behandelt werden. Bei Beißereien können immer auch innere Verletzungen entstehen. Wirkt der Hund matt, frisst schlecht und/ oder hat blasse Mundschleimhäute, muss er zum Arzt, auch wenn von außen alles unversehrt erscheint. Augenverletzungen sollten grundsätzlich tierärztlich abgeklärt werden. Hier kann der Halter – außer er ist selber vom Fach – keinesfalls ernste von harmlosen Schädigungen abgrenzen. Da sich Verletzungen des Auges oft schnell verschlechtern, dürfen Halter hier im eigenen Interesse mit dem Tierarztbesuch nicht warten.

Beim Tierarzt oder im Zoofachhandel können Erste-Hilfe-Sets käuflich erworben werden. So hat man im Ernstfall das Notwendigste dabei. Ein schönes Geschenk für den nächsten Hundegeburtstag!

„Schnipp, schnapp, ab!"

Tierärztin Dr. Andrea Welz über Vor- und Nachteile einer Kastration

Das Thema kommt bei vielen Stadthundebesitzern immer wieder auf: Soll man seinen Hund kastrieren lassen oder nicht? „Funktioniert" der Hund dann in der Stadt besser? Werden Aggressionen und Beißereien dadurch tatsächlich verhindert? Das ist keine leichte Frage, bei deren Beantwortung schnell zwei Welten auf einander prallen. Aus ethischer Sicht wird kritisiert, dass ein Hund nicht „zurechtoperiert" werden sollte, nur damit er seinem Besitzer passt. Tiertrainer und Tierärzte verweisen darauf, dass eine Kastration vorschnell als Lösung gewählt wird, wo vielleicht eher ausauerndes Training und sehr viel Geduld und Konsequenz gefragt wären. Eine Amputation - und nichts anderes ist eine Kastration, weil dazu Organe entnommen werden - ist nach § 6.1.1 des Tierschutzgesetzes grundsätzlich verboten.

Ausgenommen davon ist eine Kastration aus gesundheitlichen Gründen, die nach einer tierärztlichen Indikation vorgenommen wird. Dazu gehören zum Beispiel eine Gebärmutterentzündung oder wenn unkontrollierte Vermehrung eingedämmt werden soll. Wichtig ist, dass bei der Entscheidung für oder gegen eine Kastration zahlreiche Gesichtspunkte berücksichtigt werden müssen. Ein intensives Beratungsgespräch mit dem Haustierarzt ist im Vorfeld auf jeden Fall notwendig.

Wir haben mit der Hamburger Tierärztin Dr. Andrea Welz in Hamburg-Uhlenhorst gesprochen, die mittlerweile in zweiter Generation, die seit 60 Jahren bestehende Tierarztpraxis betreibt.

Was versteht man eigentlich unter einer Kastration?

„Unter einer Kastration versteht man die operative Entfernung der Hoden beim Rüden und der Eierstöcke bei einer Hündin. Dort werden die männlichen und weiblichen Geschlechtshormone gebildet und die sind neben der Fruchtbarkeit auch für das Territorialverhalten zuständig."

Mit welchen Folgen sind nach einer Kastration zu rechnen?

„Der Hund ist danach nicht mehr sexuell aktiv. Dadurch nimmt zum Beispiel auch der Drang eines Rüden ab, jeder läufigen Hündin hinterherzustellen. Ein Nachteil

Tierärztin Dr. Andrea Welz rät, sich vor einer Kastration gut zu informieren.

kann sein, dass die Hunde eventuell an Gewicht zunehmen. Wobei Sie das durch ein angepasstes Futterverhalten ausgleichen können. Besonders Hündinnen werden nach so einem Eingriff manchmal etwas unlustiger und liegen eher schlapper in der Ecke. Mein Vater war ebenfalls Tierarzt und darüber hinaus auch Jäger. Er hat nach der Kastration seiner Jagdhündin damals immer gesagt, dass sie kein Jagdhund mehr sei und viel lieber hinter dem Ofen gelegen hat. Ihr Jagdinstinkt war nach der Operation schlichtweg nicht mehr so ausgeprägt. Und es kann natürlich passieren, dass Hunde ihr Welpenfell wieder bekommen."

Gibt es neben den beschriebenen noch weitere Vorteile?

„Ja. Das Risiko einer kastrierten Hündin, an Brustkrebs zu erkranken, sinkt um bis zu 80 Prozent, wenn man sie innerhalb der ersten drei Läufigkeiten kastriert."

Was raten Sie Hundebesitzern, die an eine Kastration denken?

„Ich möchte eines vorweg sagen: Eine Kastration ist kein Ersatz für eine mangelnde Erziehung. Man sollte so einen Eingriff nicht aus eigener Bequemlichkeit durchführen. Darüber hinaus rate ich bei Hündinnen vor einer Kastration vor der ersten Läufigkeit ab. Bevor Sie Ihren Hund kastrieren lassen, empfehle ich, zunächst einmal einen Hormonchip bei Rüden einzusetzen. Der wird problemlos unter die Haut des Tieres implantiert. Je nach dem, ob Sie eine Sechs- oder eine Zwölfmonatsbehandlung wählen, sehen Sie innerhalb dieses Zeitraums, wie Ihr Hund auf eine „Kastration" reagieren würde. Wird er schlapp? Ändert sich sein Verhalten? Nimmt er an Gewicht zu? Wie ist sein Revierverhalten?"

Was hat es mit der weit verbreiteten Meinung auf sich, dass ein Hund nach der Kastration ruhiger und besser erziehbar sei?

„In der Regel werden die Tiere ruhiger, aber es gibt auch einige, die aggressiver werden. Andere, nicht kastrierte Hunde, können auf kastrierte Tiere aggressiv reagieren oder sie bespringen. Und besser erziehbar werden die Hunde dadurch natürlich nicht."

Wie läuft eine Kastration ab? Kann ich meinen Hund darauf vorbereiten?

„Wichtig ist, dass der Hund gesund ist und zum Beispiel keinen Infekt in sich trägt und dass er nüchtern zur Operation kommt. Bei der Hündin ist der Zyklus-Zeitpunkt des Eingriffs wichtig, weil zum Beispiel die Gebärmutter während der Läufigkeit stark durchblutet ist."

Ist eine besondere Nachsorge nötig?

„Ihr Hund sollte in der ersten Zeit nach so einer Operation nicht übermäßig viel rennen und springen. Schonen Sie ihn anschließend ein wenig. Hündinnen sollten für drei Wochen an der Leine laufen. Und denken Sie daran, Ihrem Hund einen Leckschutz umzulegen, damit er nicht an die Operationsnarbe kommt."

Kleintierpraxis Dr. Andrea Welz

Mundsburger Damm 14a
22089 Hamburg
Tel.: 040 - 220 9240
Mail: info@tierarztpraxis-welz.de
Web: www.tierarztpraxis-welz.de

Werbung

Klassische Homöopathie
für Mensch und Tier

Dr. med. vet. Thurid Schott
Tierärztin und Human-Heilpraktikerin

Glindersweg 37
21029 Hamburg
Tel. 040 / 739 27 915
www.homöopathie-hh-bergedorf.de

„Würmer machen blind"

Warum eine regelmäßige Wurmkur beim Hunde enorm wichtig ist

Ein Hund lebt durch seine Nase. Das ist für ihn wie für uns die tägliche Zeitungslektüre oder das Anschauen der Tagesschau. Deshalb schnuppern Hunde viel und gerne, leider auch in Schmuddel-Ecken und an den Hinterlassenschaften anderer Vierbeiner. Hundekot, der in Hamburg herumliegt, weil manch ein Hundehalter zu faul oder zu nachlässig ist, diesen im nächsten Mülleimer zu entsorgen, ist nicht nur eine Belästigung für Augen und Nase. Hundekot ist auch ein Gesundheitsrisiko für andere Hunde und Menschen. Denn durch das beschnuppern oder sogar das Ablecken eines Hundehaufens nehmen Hunde die darin eventuell lebenden Würmer, Larven und Wurm-Eier auf.

Eine regelmäßige Wurmkur ist wichtig

Ohne eine regelmäßige, alle drei Monate anzuwendende Wurmkur, besteht auch für Menschen die Gefahr, sich mit Haken- oder Spulwürmern zu infizieren. Denn seien wir doch mal ehrlich: Wer wäscht sich wirklich jedes Mal, nachdem er seinen Hund gestreichelt hat, die Hände? Die Hamburger Tierärztin Dr. Andrea Welz erklärt, dass regelmäßige Wurmkuren einen Hund davor bewahren können, sich mit den aufgenommenen Haken-, Spul-, Band-, Peitschen- und Herzwürmern zu infizieren. Da es normalerweise vier bis sechs Wochen dauert, bis so ein vom Hund aufgenommener Wurm infektiös wird, verringert eine regelmäßige Wurmkur das Infektionsrisiko des Hundes.

Nicht nur Haustiere, sondern auch Menschen können sich mit Würmern infizieren.

Spulwürmer gefährden besonders Kinder, die ja in den meisten Fällen einen sehr engen Kontakt zu ihrem Hund haben. Sie wa-

schen sich nicht nach jedem Kontakt mit dem Hund oder wenn sie in Sandkästen spielen, die durch Hundekot verunreinigt sind, die Hände.

„Die Larven der Würmer nehmen Sie auf eine ganz einfache Art und Weise auf", erklärt die Tierärztin: „Sie streicheln den Hund. Die Larven oder Wurm-Eier sitzen mikroskopisch klein auf ihrer Hand. Etwas später reiben Sie sich in Gedanken die Augen, streichen sich mit der Hand über die Lippen. Zu dem Zeitpunkt haben Sie schon längst vergessen, dass Sie vor zwanzig Minuten ihren Hund gestreichelt haben. So einfach infizieren Sie sich mit einem Wurm."

Spulwurmlarven können Menschen erblinden lassen

Nach der so erfolgten Aufnahme der Eier wandern die Spulwurmlarven dann durch den menschlichen Körper. Im schlimmsten Fall, weiß Dr. Andrea Welz zu berichten, erreichen die Larven die Augen des Menschen und können dadurch Sehstörungen oder sogar Blindheit verursachen. Ganz zu schweigen von den Schäden, die entstehen können, wenn die Larven das Gehirn erreichen. Hakenwurmlarven wandern im Unterschied dazu durch die Haut und verursachen stark juckende Entzündungen. Daran infizierte Menschen können auch an inneren Blutungen, an Blutarmut, Bauchschmerzen und Durchfall leiden. Auch Bandwürmer werden meistens über eine zufällige Aufnahme von Wurm-Eiern übertragen. Sie können sich in Gehirn, Darm, Leber oder Lunge festsetzen. Dort bilden sie Zysten, die eine zum Teil lebensbedrohliche Größe erreichen können. Tierärztin Dr. Andrea Welz rät daher eindringlich, besonders Stadthunden regelmäßig eine Wurmkur zu geben. „So schützen Sie Ihren Hund und sich selbst."

Tierärztin Dr. Welz empfiehlt folgendes Behandlungsschema bei Hunden:

Ab der 2. Lebenswoche in Abständen von 2 Wochen.
Ab der 12. Lebenswoche monatlich.
Ab dem 6. Lebensmonat vierteljährlich.
Um einen maximalen Schutz zu erreichen, kann sogar monatlich eine Wurmkur durchgeführt werden. Das ist besonders wichtig in Haushalten mit Kindern.

Kleintierpraxis Dr. Andrea Welz

Mundsburger Damm 14a
22089 Hamburg
Tel.: 040 - 220 9240
Mail: info@tierarztpraxis-welz.de
Web: www.tierarztpraxis-welz.de

Werbung

Dackeldame Antje neigt zum Kuscheln.

Werbung

piccobello
Die waschbare Hundewindel.
www.piccobello-hundewindel.de
Telefon: 03222-8839930

Die perfekte Lösung für inkontinente Hunde und läufige Hündinnen!

Daniela Schütz
Tiernaturheilkunde
für Pferde und Hunde

... find ich gut!

Telefon 04105 - 676 030
Mobil 0160 - 930 680 56

info@schuetz-dein-tier.de
www.schuetz-dein-tier.de

Tierarztsuche leicht gemacht

Wie Software-Entwickler Thomas Hinze auf den Vetfinder kam

Thomas Hinze mit seinem Hund Rex, quasi der Ideengeber für die Vetfinder-App

Man stellt es sich besser nicht vor: Sie sind im Urlaub oder am Wochenende unterwegs – und dann, plötzlich, passiert ein Unfall. Ihr Hund ist verletzt. Sie sind geschockt. Um abseits des gewohnten Umfeldes schnellstmöglich tierärztliche Hilfe zu bekommen, hat Entwickler Thomas Hinze ein praktisches Hilfsmittel erfunden: Die VETFINDER App für iPhones und Androiden. Sie weist kostenlos und mobil den Weg zum nächsten Tierarzt – auch im Ausland. Wir sprachen mit dem IT-Mann ...

Wie kamen Sie auf die Idee zu dem Projekt?

An einem schönen Sonntag war ich zusammen mit meinem Hund Rex mitten im Harz unterwegs. Leider hatte er sich während des Ausfluges am Bein verletzt und ich brauchte dringend einen Tierarzt. Fehlende Ortkenntnis, Wochenende und die steigende Nervosität machten die Suche trotz mobiler Internetverbindung zu einem Kraftakt. Ich wünschte mir eine Anwendung, mit der ich einen Tierarzt auf Knopfdruck finde – ohne lästiges tippen, mit automatischer Standortsuche, Anruffunktion und Navigation zum Arzt. Über den Projektstatus ist der VETFINDER mittlerweile längst hinaus.

Woher erhalten Sie die Daten der Tierarztpraxen und Kliniken? Und wie umfassend ist Ihre Datenbank heute?

Der Großteil, der im VETFINDER verzeichneten Tierärzte und Kliniken wird durch mühevolle Eigenleistung zusammengetragen. Zusätzlich werden regelmäßig fehlende Tierärzte von Nutzern des VETFINDER vorgeschlagen, und durch eine Redaktion überprüft. Derzeit findet der VETFINDER fast 30.000 Tierärzte und Kliniken weltweit.

Wie finanziert sich die App?

Der VETFINDER ist für Tierhalter völlig werbefrei und gratis. Finanziert wird unser Dienst aus den Beiträgen, die Tierärzte für eine umfangreich Darstellung ihrer Leistungen im VETFINDER zahlen. Der Betrag ist so gering, dass sich langfristig jeder Tierarzt an diesem Dienst beteiligen kann. Die Angaben kommen auf diese Weise immer aus erster Hand.

Was sind die technischen Voraussetzungen, um die App zu nutzen?

Die VETFINDER App gibt es als kostenlosen Download für iPhone und Android. Die Standortbestimmung erfolgt per GPS oder WLAN. Für den Datenabruf wird der Zugriff auf das Internet benötigt. Für mobile Geräte mit anderen Betriebssystemen steht eine optimierte Webseite mit ähnlichen Funktionen wie in der App zur Verfügung. Die Seite funktioniert natürlich auch auf heimischen Computern.

Shopping & Lifestyle
Leben & Arbeiten

Hunde sind Lifestyle Faktor - und aus genau diesem Grund ein willkommener Anlass für manche, sie mit allen möglichen und unmöglichen Accessoires einzudecken. Darüber berichten wir. In diesem Kapitel erwarten Sie darüber hinaus bunte Geschichten zum Beispiel über Menschen, die die erste Dating-Plattform für Hundebesitzer gegründet haben oder wirklich ansprechende Sachen für Hunde herstellen. Zum Thema Leben & Arbeiten gehört natürlich auch, dass viele Hamburger Hunde unmittelbar in den Arbeitsalltag von Menschen eingebunden sind. Wir haben die Zollhundeschule vor den Toren der Hansestadt besucht und sind mit einem Spürhund im Hamburger Hafen unterwegs gewesen. Es ist ein weiter Weg vom Lifestyle bis dorthin, aber eines ist ganz klar: Hunde bestimmen unseren Alltag, sind Gehilfen bei der Arbeit und ein wichtiger Teil unserer Lebenswelt. Die kann glamourös sein, aber auch mit den politischen Konflikten unserer Zeit zu tun haben.

Portrait Royal – Evolution im Kunsthandwerk

Freddy und Coshima Weigl definieren Tierportraits neu

Wir alle kennen die detaillierten Kupferstiche von Albrecht Dürer. Doch haben Sie auch gewusst, dass das Stichelhaarfell – also eingestreute weiße Haare im Tierfell – vom Kupferstich kommt? Genau diese Optik machten sich Flachstichgraveur Freddy Weigl und seine Tochter Coshima zunutze. In jahrelanger Feinarbeit entwickelten die beiden ihr innovatives Handwerkstalent: Farbige Kupferstiche mit Goldgravur.

„Ein Ausrutscher und das ganze Bild ist ruiniert", erklärt Freddy Weigl seine manuelle Präzisionsarbeit an einem Hundeportrait. Behutsam graviert der Künstler jedes einzelne Haar des Hundefells mit einem geschliffenen Facettenstichel. Nur mit ruhiger Hand, der Wahl des richtigen Werkzeugs und der Präzision eines Uhrmachers erhält das Portrait seinen changierenden Glanz. Insgesamt etwa 50.000 Stiche setzt Weigl an einem 30 mal 40 Zentimeter großen Bild an. Das sind 80 bis 100 Arbeitsstunden. Doch damit nicht genug: Die Weigls benötigen sechs aufwendige Schritte bis aus einem Foto ein gerahmtes Kunstwerk wird. Zunächst wird die Vorlage digital bearbeitet. Dann werden eine Skizze und eine Reinzeichnung erstellt, die übrigens an sich schon Vorzeigecharakter haben. Nun kommt Farbe auf die hochglanzpolierte Kupferplatte bevor die aufwendige Gravur beginnt. Erst im vorletzten Arbeitsgang geben Gold, Silber, Rot-, Weiß- und Schwarzgold dem Portrait sein lebendig schimmerndes Aussehen, bevor es abschließend versiegelt wird.

Freddy und Coshima Weigl vor ihrem Werk „Idefix"

„Über fünf Jahre haben meine Tochter und ich an dieser Technik gefeilt", erzählt Weigl, „und erst jetzt fühlen wir uns bereit, sie kunstinteressierten Tierliebhabern vorzustellen." Verständlich, dass bisher noch

Freddy Weigl graviert.

keiner auf das faszinierende Spiel mit Gravurtechnik und Farbe gekommen ist. Wir betrachten den sogenannten Idefix, ein Weigltypisches Hundeportrait vor blauem Hintergrund, genauer. Er wirkt erstaunlich lebendig. Die Augen strahlen und man meint, der kleine Hund würde einen immer anschauen. Mit gezielt gesetzten Lichtspots wird die Wirkung sogar noch verstärkt. Der irisierende Glanz gibt dem Bild zudem einen gewissen 3-D-Charakter.

Die Weigls sind schon seit Generationen eine Kunsthandwerkerfamilie. Während Urgroßvater und Großvater Kunstschmiede waren, verdingte sich die Urgroßmutter als Tapeten- und Stoffmusterdesignerin, die Großmutter war Kunstmalerin. Das Kunstgen liegt der Familie sozusagen im Blut. In diesem Jahr feiert der vielfach ausgezeichnete Flachstichgraveur Weigl sein 30-jähriges Betriebsjubiläum. Deshalb ist er besonders stolz, seine weltweit einmalige, wortwörtlich brillante Gravurtechnik präsentieren zu können. Übrigens: Abkupfern – das Wort kommt aus der Reproduktionsmöglichkeit durch den Kupferstich – von Weigls Kunst ist schwer möglich. Wer sich die exklusiven Tierportraits mit Glanzstichgravur einmal anschauen möchte, kann die in der Dauerausstellung der Kunstpassage im fünf Sterne Hotel Bayerischer Hof in München tun.

Weitere Infos

www.portrait-royal.com.

„Wohin mit Rocky?"

Mit dem Hund ins Büro

Nach einem Druck auf die Klingel summt der Türöffner am Haupteingang des Bürogebäudes am Hamburger Steindamm. Während die Eingangstür wieder zurück ins Schloss fällt, bellt irgendwo im Treppenhaus kurz ein Hund. Ohne Fahrstuhl und mit schnellen Schritten geht es hinauf in den zweiten Stock, wo Rechtsanwalt Sven-Uwe Blum arbeitet. In der richtigen Etage angekommen, guckt am oberen Treppenabsatz ein etwas länglicher Kopf mit glatten, braunen Haaren und großen dunklen Augen neugierig auf halber Kniehöhe durch die Streben des Treppengeländers. Rocky, der Dackel des Rechtsanwaltes steckt dem Gast seine aufgeregt schnuppernde Nase entgegen. Hier hat also der Hund gebellt. „Kommen Sie rein, der tut nichts", sagt Sven-Uwe Blum, während er seinem Besuch die Hand entgegenstreckt und Rocky sein Körbchen im lichtdurchfluteten Büro bezieht. Dieses Körbchen steht an strategisch wichtiger Stelle: „Von dort aus", so der Hamburger Anwalt, „hat Rocky nicht nur meine Mandanten und mich im Blick." Er schmunzelt, während er weiterspricht: „Mittlerweile versteht er sich auch gut mit meiner Sekretärin. Erst mochte Rocky sie nicht. Aber mittlerweile hat sie sich seine Gunst mit Leckerlis teuer erkauft."

Dabei kann so ein Hund nicht nur in Werbeagenturen und überall dort, wo vermeintlich hauptsächlich kreativ gearbeitet wird, sein Potential voll ausschöpfen. Auch in der Rechtsanwaltskanzlei von Sven-Uwe Blum erfüllt Rockys schiere Anwesenheit zwei ganz wichtige Punkte: „Der Hund hilft mir ungemein dabei, das Eis zu brechen, wenn Mandanten mit wirklich heiklen Themen zu mir kommen. Manchmal ist es meinem Besuch wirklich unangenehm, von seinen Problemen zu berichten, weil die natürlich nicht immer mit dem einhergehen, ‚was man in der Gesellschaft so macht'", erläutert der blonde Mittdreißiger. „Meine Mandanten sitzen mir ja in der Regel gegenüber. Ich hier hinter meinem Schreibtisch und da, wo Sie jetzt sitzen, die Menschen, die meinen Rat suchen. Und manchmal setzt Rocky sich dann unaufgefordert neben den Stuhl meines Gesprächspartners und kuschelt sich ans Bein. Die meisten Menschen fangen dann automatisch an, Rocky zu streicheln und wie von alleine beginnen sie dann damit, ihre Geschichte zu erzählen."

Mit Leckerlis hat die Sekretärin seine Gunst erkauft

Soweit so gut. Die Frage ist halt nur, welchen Eindruck ein Hund vermittelt, wenn

Rechtsanwalt Sven-Uwe Blum nimmt Rocky regelmäßig mit in seine Kanzlei.

Herrchen einen Termin bei Gericht wahrnehmen muss? „Dann", so Sven-Uwe Blum, „bin ich in der glücklichen Lage, dass mein Mann Jimmy Rocky übernimmt." Jimmy Blum betreibt seit zehn Jahren ein angesagtes Bekleidungsgeschäft im Hamburger Uniiviertel. „Second Hand Clothes, First Class Drinks" ist sein Motto. Und Rocky ist seit Jahren nicht wegzudenken, von seinem Platz unter dem Kassentresen. „Wenn Sven-Uwe nachmittags einen Termin bei Gericht hat, dann treffen wir uns mittags im Lohmühlenpark, gehen mit Rocky eine Runde Gassi und essen dann in der Langen Reihe eine Kleinigkeit zu Mittag", erzählt Jimmy Blum. Selbstverständlich mit Hund, denn der ist in den Geschäften und Restaurants, die die beiden Männer besuchen, ein ebenso gern gesehener Gast, wie seine beiden Besitzer. „Rocky ist ja ein kleiner Beamter", verrät der Rechtsanwalt: „Der weiß morgens ganz genau, wer von uns beiden als erstes zur Arbeit geht, wie lange er noch weiterschlafen kann und in welche Richtung er dann das Haus verlassen muss." Denn nicht jeden Tag fahren Rocky und Sven-Uwe Blum mit der Bahn nach St. Georg in seine Kanzlei. Manchmal fangen die

In Jimmy Blums Boutique hält sich Rocky gerne im Hintergrund.

Tage bei Gericht schon früh morgens an und dauern bis spät abends. „Dann weiß Rocky ganz genau, dass er mit Jimmy in Richtung Grindel geht und schlägt instinktiv die richtige Richtung ein", schmunzeln die beiden. Und während in der Kanzlei eine Sekretärin mit Leckerlis in der Schublade und Mandanten mit einer Extraportion Streicheleinheiten auf den hübschen Dackel warten, hält der Tag - oder der Nachmittag, je nach dem - bei „Jimmy's Second Hand" ganz andere Qualitäten bereit: „Rocky ist bei mir der Star im Laden. Hier ist ja immer Gewusel. Kunden kommen und gehen, Musik läuft, manchmal besucht uns ein Hund aus der Nachbarschaft. Und wenn Rocky der ganze Trubel zu viel wird, verkrümelt er sich einfach auf der Rückseite meines Kassentresens", erzählt Jimmy Blum. „Wir haben hier um die Ecke eine Dame, die ist mit ihrer Reinigung der Anziehungspunkt für alle Hunde hier im Viertel. Spike, ein Pointer-Boxer-Mischling und Rockys Vorgänger, der Hund von Nebenan und Rocky selbst warten nur drauf, dass sie gemeinsam losziehen können. Hier einmal um den Block, bis zu Helene und ihrer Reinigung."

Dort liegen die Vierbeiner dann vor den warmen Waschmaschinen und lassen es sich gut gehen. „Salami, Hundeschokolade, Leckerlis. Und wenn Helene abends um 19 Uhr ihren Reinigung schließt, dann kommen sie wieder zurück, verabschieden sich hier bei uns vorm Laden, jeder geht nach Hause und Rocky verkriecht sich wieder im Kassentresen", berichtet Jimmy Blum. „Und wenn ich dann abends so gegen kurz nach acht meinen Laden zuschließe, dann weiß Rocky ganz genau: Jetzt geht's nach Hause und wie auf einer Induktionsschleife gezogen findet er den Weg in die Hafencity zu unserer Wohnung." Und soll nochmal irgendjemand sagen, dass Hunde im Büro ein langweiliges Leben hätten.

Werbung

„Hunde sind auch nur Menschen"

Zu Besuch in der Zollhundeschule in Bleckede

Ein tiefes, gurgelndes Grollen ist zu hören. Plötzlich schießt ein schwarzer Schäferhund auf mich zu. Vor nicht mal fünf Sekunden hat er noch an der Seite seines Zollhundeführers Frank Schaaf gesessen und brav und in meinen Augen regelrecht unschuldig in die Gegend geschaut. Jetzt bellt er mich böse blickend in Grund und Boden. Mit gefletschten Zähnen, die eine knappe Armlänge vor meinen Knien drohend, hinter den hochgezogenen Lefzen, zu sehen sind. Ich könnte schwören, seinen warmen Hundeatem zu spüren. So dicht steht er vor mir. Dann ein kurzes Kommando seines Hundeführers - Stille. „Das ist schon beeindruckend, oder?", fragt mich Jennifer Egyptien, Zollamtsrätin und Vertreterin des Fachgebietsleiters der „Zollhundeschule" im niedersächsischen Bleckede. Ganz korrekt lautet die richtige Bezeichnung übrigens: „Bildungs-und Wissenschaftszentrum der Bundesfinanzverwaltung, Dienstsitz Bleckede". Mit leicht erhöhtem Puls komme ich aus der Ecke des Übungs-Unterstandes hervor. Herrchen und Hund stehen, bzw. liegen mittlerweile wieder ruhig und entspannt im Schatten. Mintho scheint kein Wässerchen trüben zu können und sein Hundeführer Frank Schaaf erklärt mir, was es mit dieser Übung auf sich hat. „Wenn wir als Zollbeamter eine Personenkontrolle durchführen müssen, kann es immer mal passieren, dass sich die zu kontrollierende Person gar nicht überprüfen lassen möchte. Sei es, weil sie alkoholisiert ist, weil sie etwas verbergen möchte oder einfach nur aggressiv ist und einen schlechten Tag hat. Da sind uns dann schnell die Hände gebunden."

Bei einer Personenkontrolle sind den Beamten schnell die Hände gebunden

Circa 400 Zollhunde unterstützen den deutschen Zoll jeden Tag bei der Arbeit. In Bleckede werden rund 200 Hunde von neun Ausbildern für den Dienst ausgebildet und auf Leistungsstand gehalten.

Der Schutzhund gilt im Paragraphen-Deutsch als „Hilfsmittel der körperlichen Gewalt", der seinen Hundeführer oder seine Hundeführerin beschützen und durch sein Auftreten Konfrontationen verhindern soll. Wobei das Wort „Gewalt" hier im Sin-

ne der „Exekutive", als der ausführenden Gewalt zu verstehen ist. Der Randalierer soll durch das forsche Auftreten des Hundes also lediglich eingeschüchtert und zur Vernunft gebracht werden. Zolloberamtsrat Hans-Dieter Beckmann, der Dienststellenleiter in Bleckede, ergänzt: „Wir bilden hier Spürhunde und Schutzhunde aus. Und das, was Sie soeben gesehen haben, gehört zur klassischen Schutzhund-Ausbildung." Bis es allerdings so weit ist, dass aus einem Hund ein Schutz- und Spürhund oder reiner Spürhund geworden ist, dauert es insgesamt ca. 1,5 Jahre. Gehorsam aufs Kommando, absolutes Vertrauen des Hundeführers in seinen Hund und die Gewissheit, sich jederzeit darauf verlassen zu können, dass so ein Schäferhund nicht doch aus Versehen zubeißt: Dazu braucht es einen dreiwöchigen Vorbereitungslehrgang. Nach der dann folgenden kurzen Erholungsphase zu Hause, folgt ein fünfwöchiger Lehrgang. Die Prüfung am Ende dieses Lehrgangs vertieft noch einmal die Ausbildung und erweitert die praktischen Einsatzkomponenten. Anschließend folgt die Ausbildung zum Spürhund und erst dann ist der Hund fit für den aktiven Dienst. Als Belohnung für den gelungenen Einsatz zu Anfang meines Besuchs holt Zollhundeführer Frank Schaaf, der hier auch gleichzeitig Ausbilder ist, einen grünen Ball hervor, der an einer dicken Kordel hängt. „Das ist Minthos Belohnung. So erziehen wir die Hunde hier - mit der Aussicht auf Anerkennung und Entspannung."

Werbung

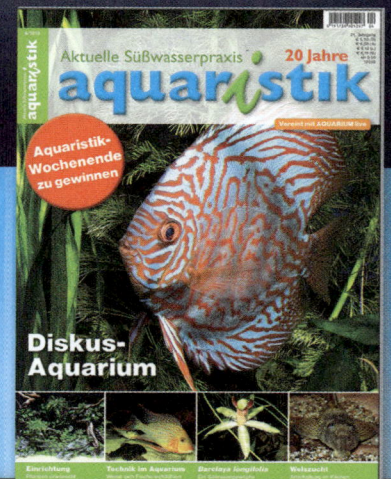

Lea bereitet sich auf ihr Leben als Spürhund vor

Auch Johann Ripken aus Friesland trainiert seine zweieinhalb Jahre alte Pointerhündin Lea nach dieser Methode und bereitet sie so auf ihr Leben als Spürhund vor.

Sowohl die Schutz- als auch die Spürhunde sind sogenannte verwaltungseigene Hunde. Die Hundeführer schließen mit dem Zoll einen Pflegevertrag ab. In so einem Vertrag ist zum Beispiel geregelt, dass ein Zollhund im Ruhestand eine monatliche Rente von 45,- Euro für sein Futter bekommt. Die Kosten für Tierarztbesuche und Medikamente werden nach dem Ausscheiden des Hundes aus dem aktiven Dienst ebenfalls von der Behörde übernommen, ergänzt Hans-Dieter Beckmann. Neben den Schutzhunden, die gleichzeitig auch Spürhunde sind (sogenannte kombinierte Hunde) werden in Bleckede auch reine Spürhunde ausgebildet. Dabei unterscheidet man zwischen solchen Spürhunden, die auch im Umfeld von Personen suchen dürfen und denjenigen, die Autos, Schließfächer, Regale, Koffer und „alles andere durchsuchen, wo krumme Hunde etwas vor den Augen des Gesetzes verstecken wollen", erklärt Jennifer Egyptien. Um einem potentiellen Verdächtigen im Ernstfall an die Wäsche gehen zu dürfen, muss jeder Schutz- und Spürhund vor dem Beginn der einige Monate dauernden und mehrstufigen Ausbildung einen Eignungstest ablegen. Auch die Hundeführerinnen und Hundeführer werden auf ihre Eignung, respekt- und verantwortungsvoll mit dem Hund umzugehen, untersucht.

Von wegen, „der will nur spielen": Lea und Johann Ripken

So wie die Kölnerin Johanna Fey, die sich gerade mit ihrer holländischen Schäferhündin Mia im Rahmen einer routinemäßigen Auffrischung ihres und Mias Können in Bleckede befindet.

Es wird zwischen Schutz- und Spürhunden unterschieden

Da die fünfjährige Mia sowohl ein Schutzhund, als auch ein Spürhund ist, haben die Zöllner das kleine, mit einer amtlichen Banderole versehene Päckchen Amphetamin hinter dem Kühler eines ausrangierten, grünen Kombis versteckt, der uns auf einem Parkplatz irgendwo auf dem weitläufigen Gelände erwartet. Mia und

Hundeführerin Johanna Fey sollen das grüne Auto im Rahmen einer Routinefahrzeugkontrolle untersuchen. Beide wissen nicht, wo sich das unscheinbare Päckchen im oder unterm Wagen befindet. „Eine neue Technik, die wir verwenden, um zu signalisieren, dass der Hund etwas gefunden hat, ist das „Anzeigen durch Einfrieren". Mia demonstriert mit beeindruckender Sicherheit, was es damit auf sich hat: Langsam umrundet sie an der Leine von Johanna Fey das Auto. Zentimeter für Zentimeter wird jedes Stückchen Bleck, Reifen, Scheinwerfer, Kotflügel von Mias aufgeregt schnuppernder Nase untersucht. Plötzlich bleibt Mia stehen. Johanna Fey geht vorsichtig weiter, die Leine spannt sich, Mia bewegt ihren graugefleckten Kopf nicht einen Millimeter. Bis zur Schwanzspitze steht der Hund wie versteinert vor dem Kühlergrill des grünen Autos. Vollkommen unbeweglich. Zollbetriebsinspektor Uwe Robohm, der das verdächtige Tütchen vorher versteckt hat, erklärt den Sinn dieser neuen Ausbildungsmethode: „Mit dieser Taktik erkennt Johanna Fey, dass ihr Hund etwas gefunden hat. Aber der Mensch, dessen Auto da gerade durchsucht wird, bekommt in der ganzen Aufregung nichts davon mit." Früher hätten die Hunde mit Kratzen angezeigt, wo sich das Versteck des soeben erschnüffelten Diebes- oder Drogengutes befindet. Das hätte zu Beschädigungen der Fahrzeuge führen können.

„Beim Einfrieren" weiß in diesem Moment nur die Hundeführerin, wo sie genauer nachschauen muss. Ausgebildet - und in diesem Moment bestätigt, dass sie es richtig gemacht hat - wird Mia mit der sogenannten Klickertechnik. „Gut gemacht", signalisiert das von Johanna Fey mit einem kleinen Plättchen in der Hosentasche ausgelöste akustische Klickern: Der Hund „taut auf" und weiß, dass es gleich ein Leckerchen zur Belohnung gibt. „Das ist eine Ausbildungstechnik", verrät Jennifer Egyptien, die Sie mit jedem Hund zu Hause auch machen können. „Nehmen Sie einfach hinter dem Rücken versteckt Leckerlies in die eine Hand, den Klicker in die andere. Nach jedem Klicken geben Sie Ihrem Hund dann ein Leckerchen. Und glauben Sie mir: das dauert nur ein paar Wiederholungen, bis sich Ihr Hund das gemerkt hat. Ihr Hund lernt nun, dass das Geräusch ‚Klick' immer zur Belohnung führt und nun können Sie den Klicker in die Erziehung Ihres Hundes integrieren, denn ‚Klick' heißt nun ‚Richtig!'." Hans-Dieter Beckmann ergänzt: „Wir wissen, dass die Ausbildung unserer Hunde von der Öffentlichkeit sehr genau beobachtet wird. Unsere Hundeführer werden in diesem Punkt mit sehr vielen Vorurteilen konfrontiert und haben es nicht immer ganz leicht, dem entgegen zu treten." Und obwohl die Hunde der Zollverwaltung eben Verwaltungshunde sind, leben

Werbung

professionelle fotografie

kirstin hammerstein
der hund

wandsbeker königstrasse 3
22041 Hamburg
info@hammerstein-pictures.de
www.hammerstein-pictures.de
telefon +49 172 416 03 14

Das richtige Näschen ist wichtig: Mia hat etwas gefunden.

sie genauso bei ihren Hundeführerinnen und Hundeführern zu Hause, wie Fred, Otto und Albert bei ihren Herrchen leben. Natürlich haben einige der Zollbeamten noch einen oder sogar mehrere „Privathunde". Aber auch ein Diensthund wächst einem ans Herz. Auch Mintho, hat sein Zollhundeführer Frank Schaaf mir vorhin verraten. Und dass Mintho auch ganz anders kann, sehe ich am Ende meines Besuchs, auf dem Weg zurück zur Pforte. Mintho läuft lässig angeleint neben seinem Herrchen am Fahrrad. Herrchen grüßt zum Abschied - und Mintho würdigt mich keines Blickes. Hunde sind eben auch nur Menschen.

„Sie müssen den Hund lesen können"

Ein Zollhund im Hamburger Hafen im Übungs-Einsatz

Eine Lagerhalle irgendwo im Hamburger Hafen. Das geschäftige Treiben rings um diesen etwas verwunschen anmutenden Ort auf der Südseite der Elbe wird mit den Geräuschen von Kränen, Schiffshörnern und natürlich dem lauten Kreischen unzähliger Möwen begleitet. Im Inneren der Halle herrscht dagegen fast schon sakrale Stille. Gedämpftes Licht fällt durch die Oberlichter. Das, was die Augen entdecken, nachdem sie sich an die Lichtverhältnisse gewöhnt haben, lässt das Herz eines jeden Genießers höher schlagen. Rot- und Weißweine, Spezialitäten in Konservendosen. Und für die Entspannung nach dem Schmaus gibt es die passende Liege gleich dazu - in 500facher Ausfertigung, alles sorgfältig verpackt. Hier begleiten wir heute Lin, einen Deutschen Schäferhund bei einer Übung. Ihre Aufgabe ist es geschmuggelte Zigaretten irgendwo in diesem Sammelsurium von Kisten und Kästen zu finden. Die Kartons und Verpackungen verströmen derweil einen etwas trockenen, irgendwie muffigen Geruch.

Theorie und Praxis: Hand in Hand

Theorie und Praxis klaffen bei der professionellen Hundeerziehung kein bisschen auseinander. Das, was die Hunde in der Zollhundeschule im niedersächsischen Bleckede lernen, wird die fünfjährige Lin, gleich bei ihrer Suche nach geschmuggelten oder unverzollten Zigaretten im Hamburger Hafen professionell anwenden. Wichtig für einen erfolgreichen Einsatz ist, neben einer guten Hundeausbildung, vor allem das vertrauensvolle Verhältnis zwischen Hund und Halter. In diesem Fall zwischen Lin und ihrem Hundeführer Udo Lorenz. Udo Lorenz hat seinen Hund von Günter Weißenbach, dem Zollhundetrainer, für diese Spezialaufgabe ausbilden lassen. Günter Weißenbach verrät über seine Arbeit: „Manchmal bekommen wir einen Tipp, ganz oft hilft uns unsere Berufserfahrung und teilweise auch einfach ‚nur' unsere gute Menschenkenntnis bei der Ausübung unseres Berufes."

„Wenn wir Menschen kontrollieren, sind die meistens sehr interessiert an unseren Hunden."

Heute baut Günter Weißenbach im Rahmen einer Routine-Übung das Versteck für die fünfjährige Lin auf. Sie ist auf die Tabaksuche trainiert. Hundeführer Udo Lorenz ist seit fast drei Jahren mit Lin im Einsatz: „Wir sind meistens im Hafen unterwegs. An anderen Tagen rufen uns auch Kollegen zur Unterstützung, wenn sie zum Beispiel auf der Autobahn Kontrollen durchführen. Heute wird geübt und Lin darf ihr Können unter Beweis stellen. „Sie müssen den Hund lesen können", merkt Zollhundetrainer Weißenbach an: „Nur so können Sie rechtzeitig erkennen, ob er erschöpft ist, eine Pause braucht, ob er auf der richtigen Spur ist und wo sie die Suche intensivieren müssen."

Manchmal denkt Lin, sie sei ein Schoßhund

Udo Lorenz kann seinen Hund sehr gut lesen. Schließlich hat er selbst Lin vor Jahren ausgesucht. Es ist das übliche Vorgehen, dass sich der Hundeführer seinen Hund aussuchen darf. Schließlich soll das Team später viele Jahre gemeinsam erfolgreich zusammen arbeiten. Wichtig ist natürlich auch für einen Spürhund beim Hamburger Zoll, dass er Familienanschluss hat: „Wenn ich mich zu Hause auf einen Stuhl setze, dann denkt Lin, sie wäre ein Schoßhund." In der Zwischenzeit versteckt der Zollhundetrainer einen Karton mit 40 bis

50 Stangen Zigaretten, die bei einer Kontrolle im Hafen sichergestellt wurden. Geschmuggelte Zigaretten werden normalerweise geschreddert. Hin und wieder bekommen die Kollegen der Hundestaffel einen Teil der Ware zu Übungszwecken überlassen. Schließlich sollen Lin und ihre Kollegen das Schnüffeln ja nicht verlernen. Günter Weißenbach hebt mehrere Kisten an, rückt Kartons hin und her und hat schließlich ein Versteck für den Karton mit den geschmuggelten, unverzollten Zigaretten gebaut. Nach einiger Zeit werden Udo Lorenz und Lin in die Halle geholt, damit die Hündin die Zigaretten erschnüffeln kann. „Wenn wir Kontrollen mit einem Hund durchführen, sind die Leute, die wir kontrollieren, meistens sehr interessiert an unseren Hunden", wird Udo Lorenz später berichten. So eine Kontrolle läuft meistens nach einem ähnlichen Muster ab: 20 Minuten wird mit bebender Nase gespürt, dann gibt es eine 20minütige Pause. Danach wird noch einmal für 10 Minuten geschnüffelt und dann ist für mindestens eine Stunde eine Pause angesagt.

Die eigentliche Suche läuft dann relativ unspektakulär, zielstrebig und schnell ab. Zwischen Herrenpyjamas, gestreift in Größe 34, findet Lin die versteckten Zigaretten. Der Hund zeigt das Versteck durch das so genannte „Einfrieren" an. Die drei Zollbeamten sind zufrieden: „Die 16 Hunde beim Hauptzollamt Hamburg-Hafen stehen nicht unter Quotendruck! Das ist in den anderen Dienststellen genauso. Und natürlich müssen die Hunde zwischendurch auch betüdelt werden", sagt Günter Weißenbach. Die Hunde, so Weißenbach weiter, brauchen darüber hinaus auch ausreichend Ruhe-

Erst die Arbeit, dann das Vergnügen.

phasen: „Die Ausbildung ist heute viel filigraner geworden. Wir Hundeführer und Zollhundetrainer bilden uns ja auch fort und wenden die neuesten Ausbildungsformen an. Positive Verstärkung ist so ein Stichwort." Das bedeutet, dass ein Hund, wenn er eine Aufgabe richtig gelöst hat, ein Leckerli bekommt.

Das Wohl der Hunde beim Hamburger Zoll wird, wie schon während der Ausbildung in Bleckede, auch im täglichen Dienst nie aus den Augen verloren: Während einer Neunbis Zehnstundenschicht haben Lin und die anderen Hunde maximal drei Einsätze. Nach der erfolgreichen Suche düst Lin dem roten Ball mit grüner Schnur hinterher, die ihr Hundeführer Udo Lorenz weit durch die Halle wirft. Belohnung durch Befriedigung des tiefsitzenden Spieltriebes und Jagdinstinktes. Günter Weißenbach räumt die Kisten und Kartons wieder in die richtige Reihenfolge, nachdem er die versteckten Zigaretten wieder an sich genommen hat. Und Lin und Udo Lorenz suchen sich jetzt erst mal ein schattiges Plätzchen und genießen ihre wohlverdiente Pause.

„Ein Hund ist doch keine Handtasche!"

Dogsharing: Zwei Menschen teilen sich einen Hund

Dogsharing! Was sich im ersten Moment nach halber Freude und geteilten Problemen, nach Freiminuten und Bonuspunkten anhört, erscheint auch auf den zweiten, flüchtigen, Blick wie eine Besuchsregelung für Scheidungskinder. Dogsharing? Wer macht denn so etwas? Stefanie Keller macht „sowas". Teilt sich seit Jahren erst den einen, mittlerweile den zweiten Hund. Wobei „teilen" viel zu kurz gesprungen ist. Es ist mehr wie einen Teil von sich selbst temporär jemand anderem zu überlassen, weil man weiß, dass die gemeinsamen Ansichten und Abstimmungspositionen wie die Zahnräder eines gut geölten Uhrwerks ineinander greifen. Und - erster Unterschied - während man sich Scheidungskinder „teilt", weil man sich nicht mehr versteht, teilen sich beim Dogsharing zwei Menschen einen Hund, weil sie sich gut verstehen. Zwar nicht immer einer Meinung sind, aber immer einen Konsens finden müssen. Keinen Kompromiss!

Zwei Menschen, die beide das tiefe Bedürfnis nach einem eigenen Hund in ihrer Nähe haben. Die aber jeder für sich alleine zu wenig Zeit haben, um diesem Bedürfnis nachzugeben und einen ganzen Hund ihr eigenen nennen wollen.

Stefanie Keller ist mit Hunden aufgewachsen und hat nach Jahren einer aufreibenden Berufstätigkeit geschuldeten?? Hundelosigkeit festgestellt: „Es geht nicht mehr. Ein Leben ohne Hund ist nur ein halbes Leben."

Wir teilen uns die Verantwortung für einen Hund

Wie gut, dass Stefanie Kellers aus England stammende und in Hamburg lebende Freundin die rettende Idee hatte: „Wir teilen uns die Verantwortung für einen Hund", erinnert sich Stefanie Keller, während sie in einem Café in Winterhude sitzt und die

Geschichte vom Dogsharing erzählt. „Wir sind gemeinsam zu einer Hundetrainerin – Maren Welskopf - gegangen und haben uns Rat geholt, ob das überhaupt geht und wenn ja, worauf wir achten müssen. „Ein Hund ist doch keine Handtasche!", war die empörte Reaktion derjenigen, denen die beiden Frauen zuerst von ihrer Idee erzählten. Und deshalb wollten sie hören, was eine Expertin dazu sagt. Die Hundetrainerin stand dem Ansinnen von Stefanie Keller und ihrer Freundin sehr aufgeschlossen gegenüber. Dabei haben ihr zwei Dinge besonders am Herzen gelegen: Dogsharing sollte nicht mit Welpen praktiziert werden. Der beständige Wechsel der Bezugspersonen und des Ortes ist für einen Welpen, der ja erst einmal die Trennung von Mutter und Geschwistern verarbeiten muss, zu viel. Und der Hund sollte sich nicht auf eine einzige Person fokussieren, sondern aufgeschlossen sein im Kontakt zu Menschen. Damit war klar, dass sie einen erwachsenen Hund gesucht haben und deshalb war es logisch, einen Hund aus einem Tierschutzprogramm aufzunehmen. „Wir wollten gern einem Hund, den es schon gibt, ein – oder besser gesagt zwei schöne Zuhause bieten", erzählt Stefanie Keller. Und so trat Oscar, ein Ratonero Bodeguero Andaluz in das Leben der beiden Frauen. Selbst Stefanie Kellers Mann, der keine Hunde mochte und zunächst absolut gegen einen eigenen oder geteilten Vierbeiner in der gemeinsamen Wohnung war, konnte sich nach einiger Zeit nicht mehr vorstellen, wie sein Leben ohne Oscar war: „ Für mich war klar: Wenn mein Mann einem Hund in unserer gemeinsamen Wohnung nicht hätte zustimmen können, dann wäre ich in eine eigene Wohnung gezogen. Um unserer Beziehung und um des Wunsches nach einem Leben mit Hund willen."

Mein Mann hat seine Offenheit nicht bereut

Und ihr Mann hat seine Offenheit nicht bereut. Oscar hat während der Aufenthalte bei Stefanie Keller mehr und mehr Kontakt zu ihrem Mann gesucht und ihn so für sich und ein Leben mit Hund gewonnen. „Meine Freundin und ich haben unsere Terminkalender synchronisiert und so ein sehr flexibles Betreuungsmanagement entwickelt", sagt sie. Drei bis vier Tage, besser eine Woche am Stück sollte der Hund in der Anfangsphase eines solchen Projektes bei jeweils einer Bezugsperson bleiben, sonst artet das für den Hund in Stress aus. Das hat die Tiertrainerin den beiden Frauen als Ratschlag mit auf den Weg gegeben. Wichtig sind beim Dogsharing vor allem gemeinsame Alltagsregeln. Im Fall von Oscar hieß das sowohl bei Stefanie Keller als auch bei ihrer Freundin: Kein Körbchen ins Schlafzimmer, einheitliche Kommandos und der Hund wird bei Tisch nicht gefüttert. „Nur wenn ganz deutlich Klarheit über die grundlegenden Dinge herrscht, können Sie so ein Projekt schaffen", ergänzt die Hamburgerin. Direkt nachdem Oscar im Leben der beiden Frauen Platz genommen hat, haben sie mit ihm bei ihrer Hundetrainerin Einzeltraining genommen, um eine solide Vertrauensbasis zu schaffen. „Das zum Einen und das Bewusstsein, in Bezug auf den Hund keine Entscheidung ohne Rückfrage der jeweils anderen zu treffen. Futterfragen zum Beispiel: Wenn ich vorgehabt hätte, Oscar plötzlich mit Rinderlunge füttern zu wollen, dann hätte ich meine Freundin vorher natürlich fragen müssen." Auf die Frage, ob diese ständige Abstimmung nicht sehr anstrengend sei, antwortet sie mit Erstaunen: „Die Abstimmung zwischen zwei Kooperationspartnern ist doch selbstverständlich."

„Es gibt Hunde und Menschen, die dazu passen"

Im Dezember 2012 ist Oscar verstorben. Stefanie Keller hält einen Moment inne: „Ich habe viel von diesem Projekt Dogsharing gelernt. Und obwohl meine Freundin und ich als Person manchmal an unsere Grenzen gekommen sind, habe ich enorm davon profitiert." Nach vier Jahren Dogsharing hält sie als Fazit fest: „Ich glaube, es gibt Hunde und Menschen, die dazu passen. Oscar, meine Freundin und ich waren so eine Konstellation." Mittlerweile teilt sich Stefanie Keller wieder einen Hund. Brando. Ein großer Mischling, schwarz wie die Nacht, mit riesigen Augen und noch etwas tapsigen Pfoten. Diesmal allerdings nicht mit ihrer Freundin, sondern mit ihrem Mann. Der ist durch Oscar ein überzeugter „Leben-mit-Hund-Genießer" geworden und hat Brando gemeinsam mit seiner Frau ausgesucht. „Wir sprechen uns in jedem Belang ab. Dogsharing halt. Ein Hund für zwei Menschen, die ihn sich teilen. Und eben nicht ein Hund, der bei zwei Menschen lebt, die ihn sich nach Gusto hin und herreichen."

Stefanie Keller teilt sich die Verantwortung für ihren gemeinsamen Hund.

Liebe geht über den Hund

Wie ein Start-Up Hund und Menschen zusammenbringt

Neulich im Park staunten wir nicht schlecht: Da hingen Zettel mit einem kuriosen Bild – ein Hund in Yogastellung, darüber die Frage: Haben Sie diesen Hund gesehen? Es war eine Werbeaktion des Berliner Start-Ups Snoopet. Und wenn was mit Hunden zu tun hat, ist es natürlich sofort unser Thema. Snoopet ist ein Kontaktportal für „Hundeliebhaber in Deutschland" heißt es auf www.snoopet.de. Es ist ein soziales Netzwerk, das Menschen und ihre Hunde mit gleichen Interessen in der näheren Umgebung zusammenbringt. So eine Art Facebook für Hund und Halter. Über die Webseite www.snoopet.de kann man ein Profil von sich und seinem Vierbeiner erstellen und sich mit anderen Usern austauschen – und mobil per Smartphone-App zu spontanen Treffen oder Hunde-Dates verabreden.

Wir sprachen mit der Gründerin von Snoopet, Larissa Maes, und wollten wissen, was Hundebesitzer von der Plattform haben:

Snoopet bietet eine Gassi-Routen-App, mit der man sich verabreden kann. Wie groß ist da der Dating-Faktor?

Bei Snoopet geht es vor allem darum, Spaß zu haben, neue Gassipartner zu finden, neue Gassi-Routen zu entdecken oder sich unkompliziert mit Bekannten zur Gassirunde zu verabreden. Aber ganz klar: Wer den Dating-Faktor sucht, wird ihn auf Snoopet sicher auch finden. Jeder kann für sich und seinen Hund ein Profil anlegen und dann direkt in passenden Profilvorschlägen stöbern. Als Highlight können Snoopet-User neue spannende Gassi-Routen entdecken und über die Smartphone – App ihre eigenen Lieblingsrouten anlegen. Zusätzlich können User mobil direkt in gelaufene Routen einchecken und sehen, wer die gleiche Route gelaufen ist.

Wie sind Sie auf die Idee gekommen, Snoopet zu gründen?

Ich bin selbst eine große Hundeliebhaberin und weiß deshalb, dass der Hund ein großartiger Gesprächsstoff-Garant und „Eisbrecher" ist. Ein mobiles Kontaktportal für Hundefreunde musste her! Und bei diesem sollte der Hund im Mittelpunkt stehen. Schließlich muss der eigene Hund einen neuen Freund oder die große Liebe ja auch „riechen" können – Hunde sind bei der Partnerwahl ein wichtiger Faktor.

Welche Zielgruppe sprechen Sie genau an?

Auf Snoopet kann sich jeder registrieren,

Larissa Maes, Gründerin von Snoopet, einem Berliner Start-Up, das Herrchen und Frauchen zusammenbringen will

der Hunde gern hat – ganz egal, ob er oder sie sich mit Gleichgesinnten austauschen will oder auf der Suche nach neuen Freunden, Gassi-Partnern oder der großen Liebe ist. Snoopet ist etwas für alle, die eine neue „Liebe mit Hund" suchen oder Menschen kennenlernen wollen, die „lieber mit Hund" sind.

Kostet Snoopet Geld?

Alle Snoopet-Features sind kostenlos nutzbar – und Schritt für Schritt fügen wir weitere spannende Funktionen für Mensch und Tier hinzu. Jeder User kann sich kostenlos registrieren, für sich und seinen Hund ein Profil anlegen, direkt in den vorgeschlagenen Kontakten stöbern und natürlich die kostenlose Smartphone-App nutzen. Wir wünschen viel Spaß beim Schnuppern, Austauschen und Kennenlernen!

Erzählen Sie uns eine Snoopet-Liebesgeschichte: Was erleben Ihre User mit Snoopet? Bekommen Sie da Rückmeldungen?

Snoopet gibt es ja erst seit November 2012 – damit stehen wir quasi noch unter „Welpenschutz". Aber tatsächlich hören wir schon jetzt regelmäßig von Freundschaften und Gassi-Partnern, die sich ohne Snoopet nicht gefunden hätten. Das freut uns natürlich tierisch und wir hoffen, dass sich noch viele weitere Menschen über den Hund kennen und vielleicht sogar lieben lernen!

Snoopet

Snoopet ist das erste Kontaktportal für Hundebesitzer in Deutschland. Das soziale Netzwerk bringt sie und Menschen mit gleichen Interessen in der näheren Umgebung zusammen.
Mehr Infos unter: www.snoopet.de

„Ich kann mir ein Leben ohne Hunde kaum vorstellen"

Ein Interview mit Cornelia Poletto, der Hundebotschafterin 2013

Frau Poletto, wie sind Sie Hundebotschafterin 2013 geworden?

„Der Verband des Deutschen Hundewesens hat mich gefragt, ob ich dieses Amt übernehmen würde. Ich habe sofort ja gesagt, denn ich liebe Hunde und setze mich sehr gerne für sie ein."

Welche Verpflichtungen gehen mit diesem Titel für Sie einher?

„Das Amt bringt keine strenge To-Do-Liste mit sich. Hier geht es darum, die Liebe zu Hunden nach außen zu tragen. Mir liegt dabei besonders am Herzen, auf Hunde aufmerksam zu machen, mit denen es das Schicksal nicht so gut gemeint hat. Mein kleiner Dackel-Mischling Franz zum Beispiel kommt aus dem Tierheim und ich bin froh, ihm ein Zuhause geben zu können."

Sie haben zwei Hunde. Wie lebt es sich in einer Großstadt wie Hamburg mit Hunden?

„Sehr gut! Hamburg gehört zu den grünsten Städten in Deutschland. Mit der Alster, der Elbe und dem Stadtpark bietet die Stadt tolle, zentral gelegene Auslaufgebiete."

Wer kümmert sich um Ihre Vierbeiner, wenn Sie sich in Ihrem Geschäft um Ihre Gäste kümmern, auf Tournee sind oder einen Auftritt im Fernsehstudio haben?

„Ich habe viele liebe Freunde, die für mich und damit auch für Rosi und Franz da sind. Am liebsten sind die beiden aber mit meiner Tochter Paola im Stall vor den Toren Hamburgs. Da draußen fühlen sie sich wie zu Hause."

Wenn Sie mit Ihren Hunden auf Reisen gehen: Welches Accessoire/Spielzeug muss immer mit dabei sein?"

„Zwei kuschelige Hundedecken. Damit haben Rosi und Franz - egal wo wir sind – ihren heimischen Wohlfühlplatz im Gepäck."

Wir haben gelesen, dass Sie gerne mit Ihren Hunden um die Alster joggen. Verraten Sie uns Ihr liebstes Auslaufgebiet?

„Wenn wir nicht an der Alster unterwegs sind, gehen wir gern auf die Freilauffläche ins Niendorfer Gehege. Dort liegt der Geruch vom benachbarten Damwild in der Luft, was für die Hundenasen ganz besonders aufregend ist. Außerdem ist man dort fast nie allein, Rosi und Franz finden immer jede Menge vierbeinige Kumpels."

Zum Schluss: Was bedeutet das Zusammenleben mit Ihren Hunden für Sie?

"Alles. Ich kann mir ein Leben ohne Hunde kaum vorstellen. Es gibt nichts Schöneres als abends nach Hause zu kommen und so überschwänglich begrüßt zu werden als sei man monatelang nicht da gewesen."

Die Hundebotschafterin 2013 kommt aus Hamburg: Cornelia Poletto.

Werbung

hundepension, hundetraining & dog walking

Hundgerecht in einer Kleingruppe von maximal 5 Gasthunden kann hier jeder Hund Tages- und Urlaubsspass auf höchstem Niveau erleben.

Michèle Gruzca   Mobil: +49 151 191 661 79   Kamerland 19   25358 Sommerland

www.hundekunterbunt.com

„Albert & Mikes Shopping-Tipps"

Ohne das geht der Hamburger Hund von heute nicht aus dem Haus...

Der Hund ist da. Und nun muss das entsprechende Zubehör besorgt werden. Es ist ja für viele (Neu)-Hundebesitzer nicht immer ganz leicht, den Überblick zu bewahren. Albert & Mike haben sich für FRED & OTTO mal umgeschaut, was die schier unübersichtliche Welt der Hunde-Accessoires so alles hergibt.

1. Belohnungstasche Junior

Allzeit griff-bereit.

www.tiierisch.de

Ein Leckerli wirkt manchmal wunder und ist schon die halbe Miete auf dem Weg zu einem gut erzogenen Hund. Und überhaupt: Wer kann denn schon widerstehen, wenn einen große, runde Hundeaugen anschauen und sagen „Bitte... eins noch. Nur noch eins...". Praktisch, wer die Belohnungstasche umgehängt oder am Gürtel befestigt hat. Mit nur einem Griff ist alles sofort parat und der Hund freut sich.

2. Bio Anti-Zecken Clip

www.onlydog.de

Besonders bei Hunden mit längeren Haaren fällt einem nach dem Spaziergang durch den Wald oder die Feldmark nicht sofort jede Zecke auf. Der Bio-Anti-Zecken-Clip schützt Hunde auf natürliche Weise, ganz ohne Chemie, vor den lästigen kleinen Blutsaugern.

Natürlich gegen Zecken.

3. Hundekissen

www.plumandashby.co.uk

Jeder Hundehalter, der schon einmal mit einem Hundekörbchen auf Reisen gegangen ist, weiß, wie umständlich so ein Hundenachtlager zu transportieren ist. Besonders die zwar hübschen aber klobigen Weidenkörbchen. Wer einmal mit einem dicken, bequemen und doch platzsparend zusammendrückbaren Hundekissen ver-

Wie man sich bettet, so liegt man.

reist ist, wird seinen Hund nie wieder auf etwas anderem schlafen lassen. Von elegant bis poppig, in den unterschiedlichsten Größen und natürlich mit einem abnehmbaren Bezug zur pflegeleichten Reinigung

4. Auto-Hunderampe für alte Hunde

www.tiierisch.de

Auch Hunde werden älter. Kleinere Rassen finden dann, wenn sie altersbedingt nicht mehr so gelenkig sind, vielleicht noch Platz im Fußraum des Beifahrers. Aber einen Labrador oder einen Neufundländer vorne im Auto mitfahren lassen? Die klappbare Hunde-

Besser als tragen: Selber laufen.

rampe aus Aluminium fürs Auto ist pfotenfreundlich, gelenkschonend und rutschfest dank einer gummierten Lauffläche. Die untere Gummierung schützt die Stoßstange des Autos vor Kratzern. Mit 6,3 Kilogramm Eigengewicht ist die bis 75 Kilogramm belastbare, einfach zu reinigende Rampe auch für Hundehalterinnen gut handhabbar.

5. Hundeschwimmweste (nicht nur) für Alstersegler und Elbschiffer

www.tiierisch.de

Diese Schwimmweste für Hunde bietet optimalen Schutz bei Segeltörns, Bootsausflügen und Wasserspielen. Sie schützt bei Stürzen aus dem Boot und gibt auch bei Spiel und Training in Gewässern mehr Sicherheit. Der gute Tragekomfort wird durch die anatomische Form gewährleistet und dank der Klettverschlüsse und Nylongurte mit Schnappverschlüssen bietet die Weste festen Halt. Die Signalfarbe und die reflektierenden Streifen helfen

Bloß nicht untergehen...

für eine schnelle Ortung. Der Bergegriff im Rückenbereich gewährleistet kräftiges Zupacken in gefährlichen Situationen. Die Schwimmweste gibt es für unterschiedliche Gewichtsklassen.

6. Leuchtanhänger zum Anklippen

www.onlydog.de

Sichtbarkeit bedeutet Sicherheit für Mensch und Tier. Der Leuchtanhänger für Hunde hat drei unterschiedliche Leuchtfunktionen. Er blinkt auf beiden Seiten gleichzeitig, abwechselnd oder dauerhaft. Das gibt dreifache Sicherheit für Mensch und Tier. Er ist mit 2 Leuchtdioden und einem universellen Befestigungsclip versehen. Das An- und Ausschalten wird durch einfaches Drücken gewährleistet. Der als Knochen geformte Flasher ist unempfindlich gegen Schmutz und Erschütterungen und wird komplett mit 2 Batterien geliefert. Die Sichtweite des Flashers beträgt ca. 200 m.

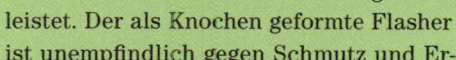

So geht Waldi ein Licht auf.

7. Der leuchtende Ball

www.onlydog.de

Bällchenwerfen am Sonntag bei strahlendem Sonnenschein macht viel Spaß. Es gibt aber gerade in Hamburg viele Tage, an denen es nieselt, nebelt oder die Sonne einfach keine Lust hat, zu leuchten. Gut, dass wenigstens der widerstandsfähige Hundeball am Tau leuchtet. Auch das fluoreszierende Band leuchtet stark, wenn es angeleuchtet wird. Sozusagen mit automatischer Auffindefunktion.

Und hierauf können die beiden getrost verzichten:

1. Hundepoplakette

Geschenkt! Nicht jeder Hundepopo sieht wirklich hübsch aus. Selbstverständlich ist das Hinterteil des eigenen Hundes für jeden Hundebesitzer die einzig akzeptable Ausnahme. Aber mal ehrlich: Wer braucht denn eine Po-Plakette für den Hund? Wir haben ja auch keinen Aufkleber vorm Mund, auf dem steht „Vorsicht, schlechte Zähne!" Außerdem läuft ein gut erzogener Hund ja sowieso hinter seinem Besitzer her. Und nicht vorweg. Also hat sich diese optische Herausforderung (zumindest für den eigenen Hund und seinen Besitzer) schon mal erledigt.

Ohne Worte!

Such den Ball!

Hat Herrchen noch den richtigen Durchblick?

2. Hundebrille

Ganz genau! Eine Hundebrille schützt Lawinenhunde vor Schnee und Geröll im Auge und Hamburger Stadthunde vor zu viel Zugluft bei der Fahrt im offenen Cabriolet. Wie gut, dass die seitlichen Belüftungsschlitze dafür sorgen, dass ein Anlaufen und Beschlagen der Hundebrille vermieden wird. Schließlich sollen unsere Vierbeiner ja nicht den Durchblick verlieren. Wir finden, dass man bei all den Accessoires, die im Handel sind, immer den Blick fürs Wesentliche behalten sollte.

3. Hunderegenschirm

Böse Zungen behaupten ja, dass es in Hamburg häufiger regnet, als in München. Falsch. Es regnet zwar hier wie dort an durchschnittlich 133 Tagen im Jahr. In München fällt dabei aber mehr Regen als in Hamburg: 966,7 Liter pro Jahr gegenüber 770,3 Litern. Der viele Regen in München geht vor allem auf das Konto von heftigen sommerlichen Gewitterschauern. Es regnet also mehr, aber das in kürzerer Zeit. Ziemlich umständlich also, dem eigenen Hund jedes Mal für einen kurzen Schauer den Hunderegenschirm auf den Rücken zu binden. Wir sind ja schließlich nicht in England, wo man nicht ohne Grund davon spricht, dass es „Cats and Dogs" regnet.

In München fällt mehr Regen als in Hamburg.

Was wünschen sich Nichthundehalter von Hundehaltern?

Helga Goes:

„Ich mag Hunde sehr gerne. Aber von den Hamburger Hundebesitzern würde ich mir wünschen, dass sie ihre schwarzen Gassibeutel nicht immer an den Baum oder auf den Bürgersteig legen, sondern die Beutel bis zum nächsten Mülleimer tragen und dort hineinwerfen."

Caro Stelzner:

„Wenn mir in der Stadt auf dem Bürgersteig ein Hund ohne Leine entgegen kommt, bin ich im ersten Moment machmal etwas verunsichert, weil ich nicht weiß, wie sich der Hund mir gegenüber verhalten wird. Ich wünsche mir, dass Hunde in der Stadt an einer kurzen Leine geführt werden. Diese langen Roll-Leinen können schon mal zur Stolperfalle werden, wenn der Hund im Zickzack schnüffelnd über den Bürgersteig läuft."

Frank Menden:

„Ich mag Hunde. Manchmal wünsche ich mir allerdings, dass die Hundehalter, die zu uns in die Buchhandlung kommen, ihren Hund nicht ohne Leine durch den Laden laufen lassen. Es gibt Kunden, die keine Hunde mögen oder vielleicht sogar Angst vor den Tieren haben. Da wünsch ich manchmal etwas mehr Verständnis von den Hundebesitzern. Ich mag ja auch keinen quiekenden Mops, der bei mir am Bein hängt."

ausgehen, dass Kinder Hunden grundsätzlich angstfrei begegnen und sie mögen. Ich erlebe häufig am Strand, dass Hunde unangeleint herumlaufen und schnüffeln und lecken. Diese Form von Ignoranz begegnet mir leider immer wieder und schmälert meine Begeisterung im Umgang mit diesen ja überwiegend freundlichen Tieren."

Saskia Kreutzmann:

„Im Großen und Ganzen finde ich das Verhalten der meisten Hundebesitzer okay. Schwarze Schafe gibt es überall. Ich würde mir generell die Einsicht aller Menschen wünschen, dass Hunde wie wir Menschen ein Recht darauf haben, ihre Bedürfnisse wenigstens gelegentlich ausleben zu dürfen."

Andreas Schmidt:

„Als Vater von Kindern wünsche ich mir mehr Respekt und Achtsamkeit von Hundebesitzern. Sie sollten nicht davon

Birte Sanders:

„Ich wünsche mir manchmal mehr Respekt von Hundehaltern. Dieses ‚der will doch nur spielen' nimmt mir die Möglichkeit, selbst zu entscheiden, ob ich auf einen Hund zugehe oder lieber Abstand halte. Es gibt Hunde, die ich sehr gerne mag. Trotzdem möchte ich gerne selbst bestimmen, wann und wie ich einen Hund kennenlerne."

Großstadtpfoten und CITY DOG's

Suzanne Eichel gibt Stadtmagazine für Hunde(besitzer) heraus

Mehr lokale Infos zur Hundeszene? FRED & OTTO empfehlen CITY DOG, das Magazin für Deutschlands Hundemetropolen Hamburg, Berlin und München. Hinter dem Magazin steht die Fotografin Suzanne Eichel (47), selbst eine große Hundeliebhaberin und seit einigen Jahren nun schon verlegerisch tätig. „Als 2006 in Hamburg das Hundegesetz diskutiert wurde, merkte ich, dass die Hundehalter keine Plattform in der Stadt haben. Die meisten Probleme mit Hunden geschehen in der Stadt. Zwei- und Vierbeiner leben meist auf engem Raum zusammen, zudem sind viele Fellnasen ein Partnerersatz und werden zu sehr vermenschlicht", fasst Suzanne Eichel die Situation zusammen, als sie die folgenschwere Entscheidung traf: Ein eigenes Hundemagazin zu gründen – und seit nunmehr aufregenden sieben Jahren erfolgreich herauszugeben. Nach der erfolgreichen Einführung in Hamburg kamen 2009 München und 2012 Berlin dazu. Außerdem gibt es unregelmäßig Sonderpublikationen, wie ein Spezial über Ferien mit Hund, verschiedene Beilagen über artgerechte Gassibekleidung oder auch mal einen Kauknochen zum Testen.

Das redaktionelle Konzept umfasst Themen, mit denen sich Hundehalter auseinandersetzen müssen: Von Recht und Politik, über Ernährung bis zu Gesundheitsfragen. Im Gegensatz zu anderen Magazinen bietet CITY DOG zudem viele lokale Infos, stellt

Suzanne Eichel Gründerin des Magazins CITY DOG (Foto: Sabine Gudath)

Ausflugstipps vor und interessante Reportagen aus den jeweiligen Metropolen.

Woher die Themen kommen? „Meine Mischlingshündin Gipsy spielt als Blattmacherin eine wesentliche Rolle. Sie kam aus einer einseitigen Haltung mit fünf Jahren zu mir, war sehr ängstlich und ich musste mit ihrer Erziehung quasi von vorne anfangen", erzählt Suzanne Eichel. Auch der Verlust ihres Frauchens nagte an ihrer Hundeseele. Der Umgang mit ihr ließ sie tiefer in die Materie einsteigen und die Bedürfnisse der Hundehalter noch besser verstehen: Sei es das menschliche Prozedere beim Gassigehen, die Ängste mancher Besitzer oder die Schwierigkeit der Sozialisierung. Um stets am Puls der Hundebesitzer zu sein, bietet die CITY DOG-Chefredakteurin Stadtspaziergänge mit ihren Lesern an, und die werden, ebenso wie das Magazin, begeistert angenommen.

Alle zwei Monate kommt das Magazin in den drei Metropolen Hamburg, Berlin und München heraus zum Preis von 2,80 Euro.

CITY DOG

Das Magazin für Hamburg-Berlin-München
Keplerstraße 37
22763 Hamburg
Tel.: 040-39906838
Mail: s.eichel@citydog-hamburg.de
Web: www.citydog-hamburg.de/

Pet Shop Boyz
„Einmal Rindernase zum Mitnehmen bitte..."

Dieser Laden macht jeden Hamburger Hund glücklich. Die Pet Shop Boyz sind einer der charmantesten Anlaufpunkte für Hundehalter und Tierfreunde in Hamburg. Ein kleiner feiner Eckladen mit lustigen Punkten, die schon zur Marke geworden sind. Seit zweieinhalb Jahren gibt es hier zwischen Alster und der Langen Reihe vom täglichen Bedarf über Leinen, Halsbänder, Betten bis hin zum Spielzeug alles, was Vierbeiner und ihre Herrchen und Frauchen erfreut. Genau diese Mischung ist es, die den Hamburgern bislang offenbar gefehlt hat. „Es gab hier immer nur diese unpersönlichen Futtergroßmärkte oder teuren Bling-Bling-Edelboutiquen", hat Geschäftsführer und Hundebesitzer Mathias Hoffmann festgestellt. Das hat er erfolgreich geändert. Bei den Pet Shop Boyz wird noch in Hamburger Manier in Ruhe geschnackt: Über das Wetter, das Neueste aus dem Viertel und natürlich auch über die Tiere. Und während man so klönt, schnüffeln die Vierbeiner fröhlich durch den liebevoll gestalteten Laden: Ein großer Baum in der Mitte des Raumes, ein Wolkenhimmel und überall Weidekörbe prall gefüllt mit Leckereien. Auch probieren ist erlaubt. Schweineohren, Rindernasen, Lammfüße - ein Wunderland. So verwundert es nicht, dass die Kunden den Pet Shop Boyz in den Bewertungs-

portalen im Internet immer wieder mit den höchsten Punktzahlen auszeichnen und bislang noch jeder vierbeinige Kunde schwanzwedelnd nach Hause gegangen ist.

Pet Shop Boyz - Für Hund, Katz' und anderes Getier

Schmilinskystraße 15
20099 Hamburg-St. Georg
shop@pet-shop-boyz.de
www.pet-shop-boyz.de
Tel: +49 40 2880 3610
Mo - Fr 10 - 20 Uhr / Sa 10 - 18 Uhr

Werbung

Jede Veranstaltung ein Unikat!

Aah! Agenturalberthamburg • Veranstaltungen & Kommunikation
Roonstraße 12 • 20253 Hamburg • Telefon: (040) 648 543 20
kontakt@agenturalberthamburg.de • www.agenturalberthamburg.de

Gott & die Hundewelt Trauer & Tod

Kommen Hunde in den Himmel? Wie trauert man beim Tod seines besten Freundes auf vier Pfoten? Wie passen Tiere und Spiritualität & Religion zusammen? Wir haben uns umgehört und Themen angesprochen, die viele von uns verdrängen. Aber Tod und Trauer gehören halt auch zum Hunde-Leben...

„Ich will ja nicht die Tiere begöschern"

Zu Gast beim Gottesdienst für Hund und Halter

„Und denken Sie daran: Nicht klatschen, sondern einfach die Arme hochhalten und die Handflächen immer schön hin und her drehen", ruft uns die ältere Dame mit weißem Pudel nach, als wir ins Innere der modernen Kirche „Zum Guten Hirten" gehen. Die Dame heißt Helga Tuchscher und enttarnt uns vor dem Gebäude als Novizen, die zum ersten Mal in Pastor Holger Jankes Gottesdienst für Menschen und Tiere zu Besuch sind. Mimmi, Helga Tuchschers Pudel, zeigt vor Beginn des Gottesdienstes reges Interesse an unserem Hund Albert. Der freut sich über die ungeteilte Aufmerksamkeit. Das wird sich im Laufe der kommenden 60 Minuten ändern. Denn auch Tiere können sich offenbar nicht der sakralen Atmosphäre einer Kirche entziehen und lauschen Pastor Holger Janke.

Bibel und Tier: schwierig. Das Jesuskind wird zwar nach seiner Geburt in einem Stall in einer Futterkrippe schlafen gelegt. Aber irgendwie dienen Tiere in der Theologie eher als Dekoration. Kirche und Tier heute: Eher so eine Beziehung wie Feuer und Wasser. Um es mal vorsichtig auszudrücken. Oder haben Sie schon einmal ernsthaft versucht, Ihren Hund mit in einen Gottesdienst zu nehmen? Das muss ja nicht unbedingt Weihnachten sein... Mittlerweile füllen sich die Bänke in Hamburg-Langenfelde. Alte Männer, ein paar junge Frauen, dazwischen das FRED & OTTO Team. Albert freundet sich gerade mit „Tölpel", der durch die Kirche wuselnden Hündin des Pastors an.

Bibel und Tier - ein schwieriges Verhältnis

Von den gut 60 Besuchern kennen sich die meisten, die 12 anwesenden Hunde vertragen sich und verhalten sich ruhig und friedlich. So, wie man es auch seinen Kindern in der Kirche ins Gebetbuch schreiben würde: „Sitz still, zappel nicht rum, nicht reden", pardon: bellen. Pastor Holger Janke, ein erfrischend humorvoller und weltoffener Mann, legt zu Beginn der Feier die Re-

Frommer Hund!

geln fest: Nicht klatschen, sondern mit den Händen winken, immer Sitzen bleiben, egal, was die Liturgie eigentlich vorschreibt. „Denn das", so der Pastor, „signalisiert ‚Aktion' und dann wird's hier unruhig im Saal." Und das wolle man nicht, schließlich, so Holger Janke, sei Kirchenschlaf ja der gesündeste Schlaf.

„Hat nicht Gott die Weisheit der Welt zur Torheit gemacht?" Das Thema der Predigt hört sich nur im ersten Moment etwas sperrig an. Verknüpfungen mit dem Hier und Jetzt werden erstellt, Fragen in den Raum geworfen, Antworten entwickelt: „Wo sind die Heiligen in unserer Welt? Wo sind die Geistträger, die uns inspirieren, die Licht versprühen und uns anstecken?" Kirche kann wunderbar weltlich sein. Albert saugt die Ruhe auf, die offensichtlich von der Kraft dieser Ver-

anstaltung ausgeht und lässt sich von Pastors Hündin anschäkern. Abkündigungen, ein Hinweis auf die Kollekte, die heute für den eigenen Tierschutz in der Langenfelder Kirchengemeinde gedacht ist. Dann die Bitte, den gemeinsamen Kirchenkaffee im Anschluss an den Gottesdienst zu besuchen: Und schon sind 60 Minuten um. 60 Minuten, in denen Albert - entgegen seiner sonstigen Vorlieben und Gepflogenheiten - stillschweigend und eben hin und wieder etwas schäkernd im Kirchengang auf dem dunkelgrauen Schieferboden gelegen hat. Im Grunde genommen also ein Gottesdienst, wie viele andere auch. Nur halt mit Tieren, in diesem Fall mit Hunden. Bleibt die Frage nach dem „Warum"? Warum bietet Pastor Janke alle sechs Wochen einen Gottesdienst für Menschen und Tier an? Der nächste findet übrigens am 4. Advent statt.

Frohe Kunde.

Holger Jankes intensives Engagement in der Gruppe „AKUT" hat, neben seinen Studien und dem regen Austausch mit Kollegen zu neuen Denkansätzen geführt: „Ich war vorher 12 Jahre in Scharbeutz Pastor. Als ich nach Hamburg gekommen bin, habe ich viel Tradition mitgenommen. Aber ich wusste auch, dass Kirche so, wie sie sich bisher sieht, einer schwierigen Zukunft entgegenschaut. Und es ist ja nicht so, dass ich hier nur die Tiere begöschern will."

nanderzusetzen. Es macht ihm Spaß, am Thema zu arbeiten und neue Ansätze zu entwickeln, alte Fragen einmal anders zu beantworten: „Darum habe ich Theologie studiert, um die Bibel neu zu entdecken. Da ist noch so viel rauszuholen." Unter anderem ist für ihn die Frage „rauszuholen", warum Gott die Tiere geschaffen hat, warum der Mensch immer mit Tieren gelebt hat, warum wir dick und satt gegessen sind und trotzdem mehr als 13.000 Menschen pro Tag weltweit verhungern." Diese Fragen sind es gewesen, die den Pastor vor 12 Jahren dazu bewegt haben, neue Pfade zu betreten. „Es hat 10 Jahre gebraucht, bis hier wieder normale Gemeindearbeit geleistet wurde. Da war fast nichts mehr, als ich die Pfarrstelle übernommen habe." Und ein Punkt, Menschen wieder in das kirchliche Leben mit einzubinden, war, die Haustiere nicht länger auszuschließen. „Wenn Sie Ihren Hund oder Ihre Katze nicht alleine lassen können oder wollen: Warum nicht mitbringen?" Holger Janke träumt von einer ganzheitlichen Kirche, in der Fragen wie „Darf ich meinen Hund mit

Respekt sollte nicht beim Zuklappen von Bibel und Gesangbuch enden

Er zitiert Hiob: „Frag doch die Tiere, frag die Fische im Meer, frag die Vögel in den Bäumen." Hier in Langenfelde, sagt Janke, sei er durch die vor Ort bestehenden Notwendigkeiten und Probleme dazu gedrängt worden, sich mit neuen Realitäten ausei-

Von wegen „Kirchenschlaf"...

Wie gut, dass nicht Mimi, sondern Helga Tuchscher singt.

in den Gottesdienst bringen?" irgendwann keine Relevanz mehr besitzen. Er träumt von einer Kirche, in welcher der Respekt der Gemeinde der Schlüssel zum gegenseitigen Verständnis ist. Und in der Respekt nicht beim Zuklappen von Bibel und Gesangbuch endet.

Insofern ist der Gottesdienst für Mensch und Tier in der Kirche „Zum Guten Hirten" in Hamburg-Langenfelde also gar keine große Besonderheit.

Albert freut sich schon auf den 4. Advent, wieder Schäkern mit Pastors Hündin. Und wir sind auch schon gespannt auf die nächste Predigt für Hund und Halter. (Mike Meinert)

Kirchengemeinde Langenfelde

„Zum guten Hirten"
Försterweg 12
22525 Hamburg
Pastor Holger Janke
Tel. 040 - 545 149
Mail: buero@kg-langenfelde.de
Web: www.kg-langenfelde.de

„Mein Lumpi liegt in der Praxis XY"

Die schleswig-holsteinische Tierbestatterin Margit Hermanns im Gespräch

Margit Hermanns.

Nicht nur die Zeit von Menschen auf dieser Erde ist endlich, auch für Hunde gilt das. Ist der Zeitpunkt des Abschiedes gekommen und der Hund gestorben, dann trauert der Mensch oft längere Zeit. Eine schwere Lebensphase steht bevor. Besonders dann, wenn man mit seiner Trauer alleine dasteht. Ein Segen, dass es da hilfsbereite und freundliche Menschen wie Margit Hermanns aus dem kleinen Örtchen Heist vor den Toren Hamburgs gibt. Margit Hermanns ist Tierbestatterin. Sie nimmt sich an einem typisch norddeutschen, verregneten Mittwochvormittag für FRED & OTTO Zeit und empfängt mich in ihrem geschmackvoll eingerichteten Büro im ersten Stock eines rotgeklinkerten Einfamilienhauses. Ein Büro, das eher an eine gute Stube erinnert, als an die Zentrale ihrer Firma „Delos-Tierbestattung". Dicke Teppiche, gediegene Kirschbaummöbel, Dachschrägen und Sprossenfenster. Im Radio läuft R.SH. Ihre beiden Hündinnen Anna und Gina verfolgen das Gespräch neugierig mit gespitzten Ohren und großen Augen. Gina möchte unbedingt ihren Teddy auf meinem Schoß platzieren. Margit Hermanns möchte das nicht. Gina lässt sich davon allerdings nicht wirklich beeindrucken.

Frau Hermanns, es gibt in Hamburg eine ganze Menge Tierbestatter. Wir haben lange recherchieren und uns umhören müssen, bis wir nach diversen Empfeh-

lungen bei Ihnen gelandet sind. Wie finde ich denn als trauernder Hundebesitzer nach dem Tod meines Hundes einen seriösen und zuverlässigen Tierbestatter, ohne stundenlang recherchieren und telefonieren zu müssen?

„Wir Tierbestatter sind ja mittlerweile alle im Internet vertreten. Sehen Sie sich die verschiedenen Webseiten an und hören Sie auf Ihr Bauchgefühl. Die unabhängigen regionalen Tierbestatter sind meist selbst Tierhalter und deshalb auch mit entsprechendem Herzblut dabei. Rufen Sie an und führen Sie ein kurzes unverbindliches Informationsgespräch. Befassen Sie sich Beizeiten mit dem Thema, auch wenn es schwerfällt, denn am Tag X sind Sie dazu möglicherweise nicht in der Verfassung. Vergleichen Sie außerdem Leistungen und Preise genau, damit Sie später keine Überraschungen erleben."

Von welchen Überraschungen sprechen Sie?

„Schauen Sie, ob die Preise Festpreise sind und was genau sie beinhalten, ob Wochenend- oder Feiertagszuschläge anfallen, ob bei der Abholung Ihres Tieres Vorkasse geleistet werden muss und ob der Tierbestatter auch in den Abendstunden für Sie verfügbar ist."

Welche Leistungen sind denn in Ihrem Preis für eine Tierbestattung - ganz unabhängig von der Größe des Hundes - enthalten?

„Abholung und Überführung, Einäscherung, Rückführung der Asche: In der Preisliste ist jede einzelne Leistung präzise mit Festpreis angegeben. Aber meine Dienstleistung ist ja viel mehr, als nur einen Hund oder ein anderes Haustier abzuholen und in das Krematorium zu überführen. Schauen Sie: Sie rufen mich an. Morgens, nachmittags oder nachts um halb drei. Ihr Hund ist gerade verstorben und Sie stehen, mehr oder weniger, neben sich..."

Nachts um halb drei?

„Das passiert nicht so oft, aber ja: DELOS-Tierbestattung ist rund um die Uhr erreichbar. Das ist bei den meisten meiner regionalen Kollegen in Hamburg und Schleswig-Holstein so. Natürlich führe ich mitten in der Nacht keine Informationsgespräche. Dafür bin ich tagsüber verfügbar. Aber wenn ein Tier nachts verstirbt und der Halter in seiner Hilflosigkeit und seinem Kummer dann bei mir anruft, finde ich immer ein paar beruhigende Worte, nehme die Anschrift auf und komme dann gleich am nächsten Morgen. Dann können alle Wünsche besprochen werden und ich nehme mich des Tieres an.

Meist bittet man mich aber tagsüber um meine Unterstützung. Natürlich hole ich den Vierbeiner auch aus der Tierarztpraxis ab, wenn er dort verstorben ist. Für den Tierhalter soll der ganze Ablauf so stressfrei wie möglich sein. „Mein Lumpi liegt in der Praxis XY" Ich trete dann mit dem Tierarzt in Verbindung. Ist Lumpi in meiner Obhut, besprechen der Halter und ich alles weitere. In der Regel wird der Vierbeiner eingeäschert, es kann aber auch die Beisetzung auf einem Tierfriedhof organisiert werden."

Das heißt also, dass Sie die verstorbenen Hunde nicht bei sich aufbewahren und gesammelt ins Krematorium bringen, sondern jeden Hund einzeln und auf direktem Weg überführen?

„Ganz genau. Einen eigenen verstorbenen Hund würde ich nicht in einem Sammelcontainer wissen wollen, und so wie ich es mir für meine Tiere wünsche, so gehe ich auch mit den mir anvertrauten Fellnasen um. Ich fahre mit jedem Hund einzeln direkt in das Haustierkrematorium. Dort wird der verstorbene Hund dann innerhalb von drei Tagen kremiert."

Kann ich Ihnen auch ein eigenes Behältnis mitgeben, oder muss ich eine der Urnen kaufen, die Sie auf Ihrer Homepage anbieten?

„Nein - das müssen Sie natürlich nicht. Sie können Ihren Hund, also seine Asche, in jedem beliebigen Gefäß aufbewahren oder beisetzen."

„Wir waren bei den Kosten und Aufwänden. Der Hund wurde kremiert und was passiert dann?"

„Innerhalb einer Woche nach der Abholung des Tieres wird seine Asche dem Halter übergeben. Einige Tierbesitzer entscheiden sich auch dafür, die Asche durch uns ausstreuen zu lassen."

Wie kann ich denn sicher gehen, dass ich dann auch tatsächlich die Asche von meinem Hund bei mir zu Hause auf dem Kaminsims stehen habe. Und nicht irgendeine Asche?

„Das ist eine gute Frage und ich kann Sie da wirklich beruhigen. Ich kenne jeden meiner Schützlinge mit Namen. Bei mir erhält jedes Tier seine persönlichen Begleitpapiere. Darin wird unter anderem die Rasse des Hundes festgehalten. Und natürlich werden auch die Überführungsabläufe exakt protokolliert. Außerdem bekommt jeder einzeln kremierte Hund einen Schamottstein mit einer eingravierten Nummer. Dieser Stein wird Ihrem Tier dann bei der Abholung beigelegt. Die Nummer wird festgehalten und Sie erhalten eben diesen speziellen Stein zusammen mit der Asche Ihres Tieres zurück. Zusätzlich erhalten Sie noch ein Zertifikat über die Kremierung."

Verraten Sie mir, warum Sie ein weißes Firmen-Auto fahren? Ich dachte immer, Bestatter wären mit schwarzen Wagen unterwegs?

„Die Autos von Tierbestattern sind meistens weiß. Und ich habe ja noch nicht mal Werbung auf dem Auto. Das liegt einfach daran, dass die meisten meiner Kunden gar nicht möchten, dass deren Nachbarn oder das Umfeld mitbekommt, dass ihr Hund gestorben ist. Sie möchten auf der Straße nicht auf ihren Kummer angesprochen werden. Das ist der Grund, warum ich in weiß und ohne Werbung daherkomme."

Sind Sie die geborene Tierbestatterin? Was zeichnet diesen Beruf im Allgemeinen und Sie ganz im Besonderen aus?

„Wichtig finde ich, sich immer neu auf den Menschen einzustellen und ihn dort abzuholen, wo er steht. Jede Situation ist individuell. Der eine Tierhalter teilt die ganze Lebensgeschichte seines Vierbeiners mit mir, inklusive Fotoalben anschauen, ein anderer möchte sei-

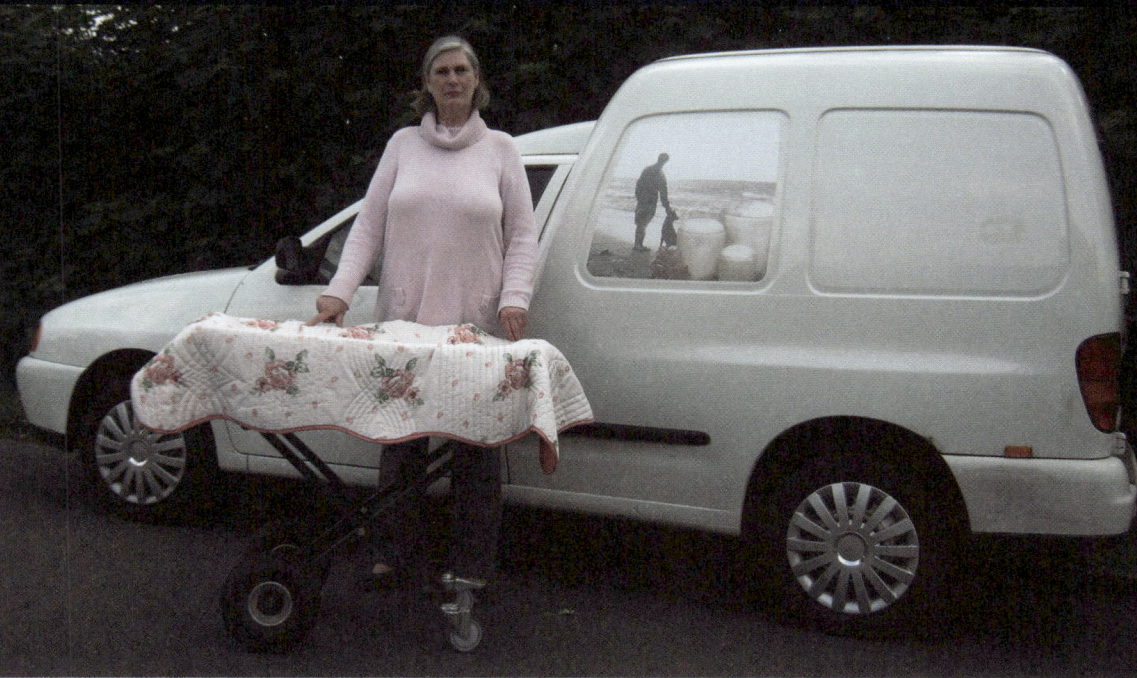
Hundebestatter fahren nicht mit schwarzen Autos.

nen Kummer mit sich allein ausmachen. Ich stelle das Gesprächsangebot in den Raum und der Tierhalter kann es nutzen wenn er möchte."

Das heißt, Sie bieten auch eine spezielle Trauerbegleitung an?

„Naja, was heißt Trauerbegleitung. Ich bin präsent, wenn ich das Gefühl habe, mein Gegenüber möchte sich mitteilen."

Haben Sie ein Beispiel für uns?

„Vor ein paar Jahren wurde ich zu einem Ehepaar gerufen um mich ihres verstorbenen Hundes anzunehmen. Während die Dame des Hauses in ihrem Kummer extrem beherrscht erschien, hatte ich den Eindruck, dass der Ehemann sich gern mitteilen wollte.

Er begleitet mich zum Auto und wir unterhielten uns noch eine Weile. Es stellte sich heraus, dass der Hund, den ich gerade in meine Obhut genommen hatte, eigentlich der Tochter des Ehepaars gehörte. Sie war bei einem tragischen Unglück ums Leben gekommen und der Vierbeiner war eine Art letztes Bindeglied zur Tochter gewesen. Auf diesem Ehepaar lastete also sehr viel mehr als nur die Trauer um den Hund. Und, um auf Ihre Frage zurückzukommen, wenn Empathie und Feingefühl vorhanden sind, geht man unwillkürlich ein Stück des Weges mit dem Tierhalter mit. Für mich persönlich ist es das, was einen guten Tierbestatter auszeichnet."

Delos Tierbestattungs GmbH

Heideweg 1
25492 Heist
Tel.: 04122 - 927 4813
Mail: kontakt@delos-tierbestattung.de
Web: www.delos-tierbestattung.de

Was ist zu tun, wenn der Hund verstorben ist?

Wenn man sein Tier bestatten lassen möchte, gibt es natürlich noch Alternativen zur Einäscherung in einem zugelassenen Tierkrematorium oder zur Beisetzung auf einem zugelassenen Tierfriedhof. Die offizielle Anfrage von FRED & OTTO bei der Hamburger Behörde für Gesundheit und Verbraucherschutz hat ergeben, dass es mehrere Möglichkeiten gibt, ein Heimtier (das ist der Amtsbegriff für Hunde und Katzen) zu entsorgen.

1.
Verendete oder euthanasierte Heimtiere werden an Alster und Elbe auf Wunsch von der Firma Rendac mit Sitz in Rotenburg/Wümme abgeholt und fachgerecht entsorgt. Die Kosten dafür trägt der Eigentümer des Tieres.
Die Firma Rendac ist unter der Telefonnummer 04268 - 93130 zu erreichen.
2.
In Hamburg nehmen natürlich auch viele Tierarztpraxen die toten Heimtiere zur späteren Entsorgung gegen Zahlung einer Gebühr entgegen. Diese Gebühr variiert von Praxis zu Praxis.
3.
In bestimmten Fällen darf der Hundebesitzer seinen Hund auch auf dem eigenen Grundstück vergraben. Dabei müssen aber die gesetzlichen Vorgaben beachtet werden:
- Es dürfen nur einzelne Körper von eigenen Tieren auf dem eigenen Grundstück vergraben werden.
- Ein Hund darf nicht auf dem eigenen Grundstück vergraben werden, wenn dieses in einem Wasserschutzgebiet liegt.
- Ein Hund darf nicht auf dem eigenen Grundstück vergraben werden, wenn es sich in unmittelbarer Nähe öffentlicher Wege und Plätze befindet.
- In jedem Fall muss das vergrabene Tier mit einer Erdschicht von mindestens 50 Zentimetern bedeckt sein.

Werbung

TIERBESTATTUNG IM ROSENGARTEN
- Jederzeit für Sie erreichbar – auch Sonn- und Feiertags
- Abholung bei Ihnen Zuhause oder bei Ihrem Tierarzt
- Einäscherung im ROSENGARTEN-Kleintierkrematorium

Wir sind für Sie da!

Tierbestattung im Rosengarten - Hamburg
040 - 46 77 30 30 · www.Tierbestattung-Hamburg.de

„Danke für die schönen Jahre mit Dir!"

Der Tierfriedhof in Norderstedt

Wie ein schöner Park wirkt das große Gelände direkt am Tangstedter Forst. Ein hübscher Rasen, viele Bäume, Natur pur. An diesem lauschigen Plätzchen sind schon sehr viele Tränen geflossen. Der Tierfriedhof Nord in Norderstedt ist ein Ort der Trauer. Hier darf um Hund, Katze, Meerschweinchen und Kanarienvogel geweint werden. Ein Wort sticht beim Rundgang immer wieder ins Auge: „Danke". Es wurde in sehr viele Grabsteine gemeißelt. Ein schönes Wort, das alles sagt.

Jede einzelne Grabstätte erzählt eine Geschichte. Es sind alles Geschichten, die vom Zusammenleben und vom Abschied nehmen berichten und zu Herzen gehen. Eine Frau steht traurig am Grab ihres kürzlich verstorbenen Vierbeiners. Sie weint ganz leise. Ein Mann zupft ein bisschen Unkraut am Rande der letzten Ruhestätte seines Katers und putzt den Stein. Eine alte Dame legt eine Rose auf das Röhren-Grab ihres Wellensittichs. Es ist still an diesem Ort der Erinnerung, der Zwiesprache und der Tröstung.

Tierfriedhof dank der französischen Sprache

Der Hamburger Kaufmann Uwe Arthur Timm fuhr in den siebziger Jahren nach Paris und fragte dort nach dem Heldenfriedhof. Seine eher bescheidenen Französischkenntnisse brachten ihn tatsächlich auf einen Friedhof. Helden lagen vermutlich auch dort begraben – allerdings Vierbeinige! Timm war auf dem großen Pariser Tierfriedhof gelandet. Er war so berührt davon, dass er die Idee mitnahm und 1978 die Ruhestätte in Norderstedt gründete. Einige mühselige Behördengänge waren damals notwendig, um mitten in einem Landschaftsschutzgebiet Tiere begraben zu dürfen. Die Mühe hat sich, dank des Missverständnisses des heute 80-jährigen Uwe Arthur Timm in Paris, gelohnt: seit 30 Jahren dürfen sich die Menschen von ihrem tierischen Freund verabschieden, und zwar auf eine gebührende Art und Weise.

Tag und Nacht im Einsatz

Wenn das Diensthandy von Jürgen Becker klingelt, werden meistens traurige Nachrichten überbracht. Hund, Katze, Kaninchen oder Wellensittich sind gestorben und sollen beerdigt werden. Becker ist der Pächter des Tierfriedhofes Nord. Jeden Tag und jede Nacht sind er und sein Team erreichbar. Trauerarbeit steht an erster Stelle. „Zu uns kommen unterschiedliche Menschen. Die einen sind ganz gefasst, die

Auch Charles Dickens' Hund wurde begraben. Nicht in Norderstedt.

Mia den Trauergästen Trost, genau wie Kater Jerry. Jerry übernimmt außerdem die wichtige Aufgabe, das hübsche hölzerne Friedhofshaus zu „bewachen".

Leberwurst für die letzte Reise

Das Team vom Tierfriedhof Nord kann das verstorbene Tier zu Hause oder beim Tierarzt abholen. Es darf aber auch gebracht werden. Zunächst findet ein mitfühlendes Gespräch statt, dann folgen sachliche Details. Wie soll der Hund beerdigt werden? Anonym oder mit einem kleinen Gedenkstein, wird der Vierbeiner in eine Decke gehüllt oder bekommt er einen Sarg? „Einige Menschen möchten ihrem Hund gern noch das Lieblingsspielzeug mit in den Sarg legen. Ein Mann fragte sogar mal, ob er seinem Vierbeiner das begehrte Leberwurstbrot mit auf die letzte Reise geben dürfe. Er durfte!" erinnert sich Jürgen Becker.

anderen sind völlig aufgelöst und können ihre Tränen gar nicht so schnell trocknen wie sie fließen. Es kommt auch darauf an, wie der Hund gestorben ist. War alt er war? Wurde er überfahren oder ist er eines natürlichen Todes gestorben?" sagt Jürgen Becker. Er hat für alle Kunden ein offenes Ohr, für das Kind, das um sein Kaninchen trauert, für die junge Frau, die ihren Wellensittich beweint und für den alten Herrn, der seinem Hund einen würdigen Abschied bereiten möchte. Jürgen Becker hört zu, er hält die Hand und versteht. Sein eigener Hund liegt hier begraben. Auch Krümel, der Vierbeiner von Beckers Kollegen Martin Liedloff, hat in Norderstedt seine letzte Ruhestätte gefunden. Heute steht Retrieverhündin Mia an seiner Seite. Manchmal spendet

Falko hat ein prunkvolles Grab.

Individuelle Gräber

Die Beisetzung findet auf Wunsch der meisten Menschen sofort statt. Nur bei einer Einäscherung muss etwa eineinhalb Wochen gewartet werden. Auf die Wünsche hinsichtlich der Grabgestaltung bemüht sich Jürgen Becker einzugehen. „Wir haben natürlich auch unsere Auflagen, aber die sind lange nicht so streng wie auf einem Friedhof für Menschen. Jeder darf sein Grab individuell und persönlich gestalten, es muss nur in den Rahmen passen", sagt der Pächter. Die Pflege der Einzelgräber, die mindestens drei Jahre gepachtet werden müssen, wird ebenfalls angeboten. Sobald das Grab geschlossen ist, wird es bepflanzt. Der Grabstein bekommt eine eigene Inschrift und wird später gesetzt. Einige Menschen mögen sich über ein Grab für den Hund oder ein anderes geliebtes Tier wundern. Sie schmunzeln vielleicht sogar ein bisschen darüber. Sie wissen nicht, was es bedeutet, mit einem Hund zusammenzuleben, ihn stets treu und bedingungslos liebend an seiner Seite zu haben. Und sie ahnen nicht, wie schmerzhaft der Abschied von so einem großartigen Freund sein kann. Martin Liedloff weiß: „Mit einer Bestattung und der letzten Ruhestätte können die Menschen ihrem Tier etwas zurückgeben von der Zuwendung, die sie selbst durch ihren Hund oder durch die Katze erfahren haben." Alle Grabstätten auf dem Tierfriedhof Nord sind nach dem Geschmack der Besitzer gestaltet. Manche bevorzugen Engel- oder Tierfiguren, andere legen lange Briefe auf den Stein. „Ich kann es noch gar nicht fassen, es ging alles so schnell...." schrieb ein Frauchen ihrem überfahrenen Rottweiler.

Welcher Sarg darf es sein?

Rote Rosen, eine Sonnenblumen oder einen bunten Strauß frischer Blumen gibt es hier viele. Nicht ein Grab ist ungepflegt. Und immer wieder das Wort „Danke" als Inschrift auf vielen Grabsteinen. „Danke für die schönen Jahre mit Dir!" oder einfach nur „Danke!" Ein Wort, das auf den Friedhöfen der Zweibeiner nur sehr selten zu finden ist. Sind Tiere tatsächlich die besseren Menschen? Sie haben auf jeden Fall einen würdevollen Abschied und ein großes Dankeschön verdient. (Sabine Geest)

Tierfriedhof Nord

Wilstedter Weg 133, Glashütte
22851 Norderstedt
Jürgen Becker
Tel.: 0171 - 643 2026
Mail: info-tierfriedhof-nord.de
www.tierfriedhof-nord.de

„Als wir die Asche wieder ausgraben wollten, war der Friedhof voller Menschen."

Vor Ort in Schleswig-Holsteins einzigem Haustierkrematorium

Die Asche musste wieder raus aus dem Grab.

„Als Billys Asche aus dem Krematorium zurückkam war uns klar, dass Mutters Münsterländer zu ihr ins Grab gehört", erzählt Claudia Vives. Ihre Tante, Inge Meier, ergänzt in Richtung Himmel blickend: „Billy und meine Schwester sind unzertrennlich gewesen. Die gehören einfach zusammen. Auch da oben." Die Knochenreste im Familiengrab vor den Toren Hamburgs unterzugraben, um Billy und sein Frauchen wieder zu vereinen, war kein Problem. Schwieriger war es, die Asche des Hundes ein paar Wochen später wieder auszugraben. Der Bruder verstarb plötzlich – und sollte natürlich im Familiengrab beigesetzt werden. „Normalerweise treffen Sie hier draußen auf dem Friedhof in der Woche keine Menschenseele.

Aber an dem Tag, als wir die Asche wieder ausgraben wollten, war der Friedhof voller Menschen." Eile war geboten, denn die beiden Damen hatten Angst, dass die Friedhofsgärtner beim Ausheben der Grabstelle für den Bruder die Röhrenknochen des vergrabenen Hundes finden und unangenehme Fragen stellen könnten. „Weil man das ja eigentlich nicht macht, Hundeasche auf dem Friedhof vergraben", merkt Inge Meier noch an. Billy wurde seinerzeit bewusst kremiert und nicht auf einem Hundefriedhof begraben, weil der Gedanke einer Zusammenführung von Hund und Frauchen gleich nach seinem Tod im Raum stand.

Hund und Frauchen sollten gleich nach seinem Tod zusammengeführt werden

Barbara Rohwer betreibt das Haustierkrematorium „Elysium" in Hohenwestedt, eine knappe Stunde nordöstlich von Hamburg.

Auf dem Weg zum Regenbogen.

Das Elysium ist das erste und einzige Hausierkrematorium in Hamburg, Schleswig-Holstein und Mecklenburg-Vorpommern. Sie kennt diesen besonderen Wunsch von einigen ihrer Kunden, den eigenen Hund in der letzten Ruhestätte des Partners, Herrchens oder Frauchens mit beisetzen zu wollen: „In diesem Fall biete ich meinen Kunden an, die Asche nach der Kremierung zu zermahlen. Auf jeden Fall müssen die Hinterbliebenen mit der Friedhofsverwaltung sprechen und sich die Genehmigung einholen, die Asche des Hundes vergraben zu dürfen."

Auf Nachfrage von FRED & OTTO, nach welchen Maßgaben eine Genehmigung für die Beisetzung von Hundeasche in der eigenen Grabstelle erteilt werde, wollten sich die befragten Hamburger und Schleswig-Holsteinischen Friedhöfe übrigens nicht äußern. Mehr als 1,4 Millionen Hunde und Katzen sterben jedes Jahr in Deutschland. Auf dem Land werden bis zu 80 Prozent der Tiere, die beim Tierarzt sterben, von den Besitzern mit nach Hause genommen und im eigenen Garten vergraben. In der Stadt sind es noch knapp 40 Prozent, die ihr Haustier in der hinteren Ecke des Gartens, im Stadtpark oder direkt vor der Haustür auf dem Grünstreifen vergraben. Dabei sollte man sich allerdings nicht erwischen lassen, denn das beerdigen von

Tieren auf öffentlichen Freiflächen und in Parks ist verboten und kann mit einer Geldstrafe von bis zu 20.000 Euro geahndet werden. „Menschen möchten ihr Tier bei sich behalten", erklärt Barbara Rohwer. „Sie haben teilweise 10 bis 16 Jahre mit einem Hund zusammen gelebt. Das ist ein gleichwertiges Familienmitglied gewesen. Den vergessen Sie doch nicht einfach so."

Jeder Urne ist ein fortlaufend nummerierter Schamottstein beigelegt.

In Deutschland entwickelt sich eine Begräbniskultur für Haustiere

Bei einem Rundgang durch das in freundlichen, warmen Farben eingerichtete Gebäude erklärt die Schleswig-Holsteinerin den Ablauf einer Kremierung: „Unsere Kunden rufen uns an und dann fahren wir raus zu den Menschen nach Hause. Manch einer bringt seinen Hund auch persönlich bei uns vorbei." In diesem Fall wird der Hund auf einem mit Blumen und Kerzen geschmückten Tisch noch einmal aufgebahrt, so dass in Ruhe Abschied genommen werden kann." Das wird für Tierbesitzer zunehmend wichtiger. Natürlich gibt es auch hier Kritiker, die das als Vermenschlichung sehen. Dennoch ist es eine Tatsache, dass sich in Deutschland seit gut 20 Jahren eine eigenständige Begräbniskultur für Tiere bildet. Barbara Rohwer erzählt, dass sich immer mehr Hundebesitzer bereits im Vorfeld einer Kremierung ausführlich beraten lassen und eine richtige Bestattung wünschen. Die Aufbahrung ist dabei nur ein Punkt: „Neben Form und Farbe der Urne können Sie sich auch für eine Seebestattung entscheiden oder die Asche Ihres Hundes auf einem Hundefriedhof beisetzen lassen." Oder - halblegal - ins Grab von Herrchen, Frauchen oder anderen liebgewonnenen Familienmitgliedern eingraben. Die Asche zu verstreuen ist hingegen völlig legitim. „Der Tod ist nie schön", sagt Frau Rohwer, „Außerdem erfüllen Tiere immer häufiger eine soziale Funktion." Ihr selbst, sagt sie, tut so ein Abschied immer sehr weh. Vor allem bei jungen Tieren, die plötzlich und unerwartet durch einen Unfall verstorben sind. „Ich darf das Leid und die Trauer nicht mit nach Hause nehmen. Da bin ich wohl so, wie eine Krankenschwester. Die lässt ihren Beruf auch draußen, wenn sie nach Hause kommt."

Im Elysium-Haustierkrematorium gibt es unterschiedliche Arten der Einäscherung. Neben einer Gemeinschaftseinäscherung mit anderen Haustieren gibt es auch die Möglichkeit einer Einzelkremierung. Dann sind immer eine Urne und ein Zertifikat dabei. Eine Einäscherung findet auf Wunsch auch im Beisein der Hundebesitzer statt. Dann wird das Tier vorher sogar noch aufgebahrt.

Zwischen 860 und 1300 Grad wird Asche zu Asche

Der Wartebereich, „Raum der Ruhe" genannt, mit seiner bequemen Sitzecke strahlt die Atmosphäre eines eleganten Wohnzimmers aus. An der Seite kann man durch eine leicht getönte Glasscheibe direkt in den Kremierungsraum schauen. In diesem Raum steht unterhalb dieser Scheibe der Tisch mit Blumen und Kerzen, auf dem der verstorbene Hund aufgebahrt wird. Auf einem Rollwagen wird das Tier dann zur Kremierung gefahren. Durch die Glasscheibe ist die völlige Transparenz der Kremierung gewährleistet: Die Angehörigen können den letzten Weg ihres Haustieres mitverfolgen. Die moderne Anlage sorgt bei Temperaturen zwischen 860 und 1300 Grad für eine fachgerechte Einäscherung. „Wenn Sie Ihren Hund persönlich hier vorbeibringen und darauf warten möchten, die Asche direkt mit nach Hause zu nehmen, sollten Sie gute zwei Stunden Zeit einkalkulieren", erklärt Barbara Rohwer. Der genaue zeitliche Rahmen einer Einäscherung ist von der Größe und vom Gewicht des Hundes abhängig. Auch die Kosten einer Einäscherung richten sich im Krematorium nach dem Gewicht des Hundes und natürlich nach den besonderen Kundenwünschen. Immer bei einer Einzeleinäscherung dabei ist der kleine Schamottstein mit durchlaufender Nummer. Das verhindert eine Verwechslung der Asche, denn Tiere haben in unserer Gesellschaft eine soziale und emotionale Funktion. Das Elysium in Hohenwestedt bietet sogar einen Taxitransfer vom eigenen Zuhause zum Krematorium und wieder zurück an. Die Gruppeneinäscherung eines kleineren Hundes mit einem Gewicht von bis zu zehn Kilogramm kostet 109 Euro. Ein Hund derselben Größe kostet bei einer 5-Sterne-Einzeleinäscherung inklusive Urne, Blumenarrangement, Aufbahrung und einem Taxitransfer 430 Euro. Der Taxitransfer erfolgt dabei nach Absprache und ist kilometerabhängig. Wer rechtzeitig vorsorgen möchte, kann im Elysium bereits zu Lebzeiten seines Hundes den 4-Sterne-Sparplan abschließen und eine Kremierung über einen Zeitraum von vier Jahren in vierteljährlichen Raten anzahlen. Moderate Kosten, verglichen mit dem Angebot einer Belgischen Firma, die die Asche des eigenen Hundes zu einem Diamanten pressen lässt. Von 0,25 bis 1,00 Karat - ab 2.488 Euro.

Für Claudia Vives und ihre Tante Inge wäre das allerdings nie in Frage gekommen: Billy und Frauchen gehören eben für immer zusammen.

Barbara Rohwer kümmert sich auch um die Hinterbliebenen.

Elysium Haustierkrematorium

Böternhöfen 17
24594 Hohenwestedt
Barbara Rohwer
Tel.: 04871 - 708 655
Mobil: 0151 - 1626 7283
Mail: elysium@haustier-krematorium.de
Web: www.haustier-krematorium.de

Infos & Adressen

Die besten Adressen und Kontakte der Hamburger Hundewelt …

Züchter, Tierheim & Co.

Beauty of Darkness's
Pudelzucht
Kerstin Klimaschewski
Oststeinbeker Weg 122
22117 Hamburg
Tel.: 040-38 67 49 84
Web:http://dark-beauty.npage.de

BVZ - Berufsverband zertifizierter Hundetrainer e.V.
Andreas Heusinger von Waldegge (Vorsitzender)
Heinrich-Schütz-Allee 242
34134 Kassel
Tel.: 0561 40700775
Fax: 0561 50332157
Mobil: 0176 10424310
Mail: info@bvz-hundetrainer.de
Web: www.bvz-hundetrainer.de

Hundehilfe Hamburg Vermittlung & Beratung rund um den Hund
Bürgerweide 36
20535 Hamburg
Tel.: 040-250 10 75
Web: www.hundehilfe-hamburg.de

Jagdgefährten e.V - 2. Chance für Jagdhunde
Annoweg 2
58675 Hemer
Tel. 02372-76853
Web: www.jagdgefaehrten.de
Die Jagdgefährten, allesamt Jagdhundeführer mit Leib und Seele, möchten diesen Hunden eine zweite Chance geben: die Chance auf eine art- und rassegerechte Haltung und die Chance auf eine glückliche gemeinsame Zukunft - ob als Jagd- oder einfach als Weggefährte. Wir vermitteln unsere Hunde an Jäger und Nicht-Jäger, die ihrer Aufgabe als Jagdhundehalter ehrlich gerecht werden wollen.

Mary's Height – Border Collies in Hamburg
Hempbarg 5a
22589 Hamburg
Tel.: 040-477 537
E-Mail: susanne@freisenhausen.de
Web: www.marysheight.de

Sitz & Platz

CANDOG-Fachseminare Vivien Buckendahl
Dorfstraße 87
25436 Groß Nordende
Tel.: 04122-982277
Mail: mail@candog.de
Web: www.candog.de
www.facebook.com/pages/Candog-Fachseminare/349056781862449
Veranstaltungen rund um den Hund in Norddeutschland. Seminare - Workshops - Abendvorträge - Weiterbildung - Reisen&Lernen.

Christine Holst
Tierpsychologin (ATN)
Hundetraining und Verhaltensberatung
Brüchhorststraße 16
24641 Sievershütten
Tel.: 04194-988 068
Mobil: 0151-194 131 81
E-Mail: Christine.Holst@canis-major.de
Web: www.canis-major.de

Die mobile Hundeschule
Inhaber: Heinz Reif
Deisenham 9
83308 Trostberg
Systemzentrale der mobilen Hundeschule für Europa
Tel.: 01805-339 111 oder 0049-(0)8621-648444
E-Mail: Info@chiemgauer-hundeschule.de
Web: www.die-mobile-hundeschule.com

Daniele Schubert
Beratung und Training für Menschen mit Hund
Mobil: 0173-739 63 32
Web: www.BeratungHundTraining.de
Verhalten, Gehorsam und Beschäftigung – Hausbesuche, Einzel und in kleinen Gruppen.

goldwolf.de
Mein Hund – Sein Portal
Marion Lukaschewski
Aachener Strasse 431
50933 Köln
Web: www.goldwolf.de
Email: mail@goldwolf.de
Das deutschlandweite Seminar- und Veranstaltungsportal für alle hundebegeisterten Menschen! Was? Wann? Wo? Alle Angebote sortieren, vergleichen und direkt online buchen! KOMM! SITZ! KLICK!

Hansehund GbR
Hundeerziehung und Verhaltensberatung
Anne Klose und Antje Thiele
Nöltingstraße 4
22765 Hamburg
Tel.: 040-18 08 44 92
Mobil: 0176-30 34 03 21
Web: www.hansehund.de

Happy animals
Hundeausbildungszentrum
Anja Rath
Jahnstr. 25
24558 Henstedt-Ulzburg
Tel. 04193-965 622
Web: www.happyanimals.net

Happy mit Hund
Fritz-Schumacher-Allee 53
22417 Hamburg
Tel.: 040-537 893 83
Mobil: 0170-321 76 31
E-Mail: info@happy-mit-hund.de
Verhaltenstraining für alle FELLE
Verhaltenstherapie für Hunde, Gruppen- und Einzeltraining, Sport Spiel Spass, u.v.m.

hundeglücklich
Hundetraining & Verhaltensberatung
Maike Frenzel (Tierpsychologin)
Opitzstr. 2
22301 Hamburg
Tel.: 040-87 87 54 36
Mobil: 0178-180 65 60
E-Mail: bin@hundeglueclich.de
Web: www.hundegluecklich.de
Abenteuer Hund – Verstehen öffnet Welten! Vom Welpen über Junghund bis zum Senior: Erziehung, Ausbildung, Verhaltenstraining, Beschäftigung & mehr. Herzlich Willkommen!

Hundeschule Britta Strüwe
Lokstedter Grenzstr. 7
22527 Hamburg
Tel.: 040-43 25 47 90
Web: www.hundetraining-hh.de

Hundeschule dogs pro
Bergredder 55
22885 Barsbüttel
Tel.: 040-180 926 40
Mobil: 0179-200 65 03
E-Mail: info@dogs-pro.de
Verhaltensberatung, Welpen- und Junghundgruppe, Mantrailing, Leinenbefreiung Hamburg, „Hundeführerschein" Schleswig-Holstein / Niedersachsen, u.v.m.

Hundeschule Karsten Schmiel
Ernst-August-Stieg
21107 Hamburg
Tel.: 0176-832 184 12
E-Mail: hundeschule.schmiel@gmx.de
Web: www.hundeschule-schmiel.de
Gruppenunterricht im Hamburger Stadtpark & in Wilhelmsburg, Einzelstunden individuell und auch bei Ihnen Zuhause.

Mobile Hundeschule „Doggy Camp"
Amandastr. 85 B
20357 Hamburg
Mobil: 0179-45 60 700
Web: www.doggycamp.de

PfötchenFarm
-Anfangen, wo Andere aufhören-
Mobil: 0176-314 057 58
Web: www.pfoetchenfarm.de
Hundetraining/Verhaltensberatung-Hundesitting/
Gassiservice-Tierakupunktur
-individuelle, kompetente und liebevolle Betreuung von Hunden mit ihren Menschen und Menschen mit ihren Hunden durch eine qualifizierte und ausgebildete Hundetrainerin

SÖHNKE STORBECK
Hundetraining & Verhaltensberatung für Menschen mit Hund
Mobil: 0177-964 17 02
Tel.: 040-693 77 82 (AB)
E-Mail: dogexpert@web.de
Web: www.hundeverhalten-verstehen.de

Team auf 6 Pfoten
Münchhausenweg 16
22453 Hamburg
Tel.: 040-180 84 940
E-Mail: kontakt@teamaufsechspfoten.de
Web: www.teamaufsechspfoten.de

Tierpsychologie Schomann
Bauernvogtei 22 b
21465 Reinbek
Tel.: 040-727 96 92
E-Mail: info@tierpsychologie-schomann.de
Web: www.tierpsychologie-schomann.de

Gassi & Co.
Reise & Verkehr

ALSTERPFOTEN
Jennifer Ivens
Haubenlerchenweg 32
22399 Hamburg
Tel.: 040-796 993 11
Mobil: 0173-604 95 95
E-Mail: info@alsterpfoten.de

Ankes GassiService
Tel.: 040-555 37 08
Mobil: 0179-230 99 54
Web: www.ankes-gassi-service.de

dog-camp
Anke Henneberg
Neddernhof 20
21255 Tostedt
Tel.: 04182-292 941
Mobil: 0172-924 62 78
E-Mail: ahenneberg@dog-camp.de
Web: http://dog-camp.de

Dogland Hundebetreuung am Hafen
Blücherstr. 37
22767 Hamburg
Tel.: 040-386 542 65
E-Mail: info@dogland-hamburg.de
Web: www.dogland-hamburg.de

Fellnasenzentrale
Hundepension und Tagesstätte
Ingo und Birgit Mainka
Ochsenwerder Elbdeich 189a
21037 Hamburg
Tel.: 040-737 59 80
Web: www.fellnasenzentrale.com

Fit mit Hund®
Fitnesstraining & Hundesport
Zentrale
Tanja Petrick
Hauptstraße 30b
22885 Barsbüttel
Tel.: 040-320 32 527
E-Mail: tanja.petrick@fit-mit-hund.com

GASSIKOWSKI
Christina Thiele
Hartwig-Hesse-Str. 3
20257 Hamburg
Mobil: 0151-61457273
Mail: info@gassikowski.de
Web: www.gassikowski.de
Kleine Gruppengröße, sorgfältige Gruppenzusammenstellung, anspruchsvolle Geländeauswahl, gesicherter Transport, individuelle und rassengerechte Betreuung, Vereinbarkeit von Hundehaltung und Großstadtleben.

Gassi-Service Altona
Mobil: 0176-481 342 31
Web: www.gassi-service-altona.de

hundekunterbunt
Michèle Grucza
Kamerland 19
25358 Sommerland
Tel.: 0151-19 16 61 79
E-Mail: mail@hundekunterbunt.de
Web: www.hundekunterbunt.de
Hundebetreuung, Dogwalking, Hundetraining

Hundestube Hamburg
Hundetagestätte-Hundebetreuung im Zentrum Hamburgs
Bürgerweide 36
20535 Hamburg
Tel.: 040-250 10 75
Web: www.hundestube-hamburg.de

Hundewohl
Training & Betreuung
Meiendorfer Straße 222
22145 Hamburg
Tel.: 0178 - 41 21 566
Mail: info@hundewohl.com
Web: www.hundewohl.com
Wochentags täglich Hunde-Shuttle-Service ab Hamburg-Stadt

Leinentausch
Persönliche Betreuung für Deinen Hund
Tel: 0157 374 50 295
Email: kontakt@leinentausch.de
Web: www.leinentausch.de

Mein Hund dein Hund
Urlaubsbetreuung – Gassiservice
E-Mail: post@meinhunddeinhund.de
Web: www.meinhunddeinhund.de
Herrchen muss arbeiten, Fam. Meyer fliegt in den Urlaub, Oma Traute ist krank – Waldi muss Gassi gehen? Kein Problem. Liebe Dogsitter kümmern sich um Waldi. Die Alternative zu Hundepensionen.

Steffi's Gassi Service
August-Kirch-Straße 2b,
22525 Hamburg
Mobil: 0177-485 92 87
Web: www.steffisgassiservice.com
Zuverlässige, professionelle und liebevolle Betreuung für Hunde.

relexa hotel Bellevue
An der Alster 14
20099 Hamburg
Tel.: 040-28444 0
Fax: 040-28444 222
E-Mail: hamburg@relexa-hotel.de
Web: www.relexa-hotel-hamburg.de

Trekking-Dogs
Andrea Preschl
60433 Frankfurt
kontakt@trekking-dogs.de
www.trekking-dogs.de

wuff & weg!
Hier kommt Ihr Urlaub auf den Hund
Doris Grüneberg
Geschäftsführerin
Mörfelder Landstr. 62

60598 Frankfurt am Main
Tel.: 069-96 237 045
Fax: 069-96 237 046
E-Mail: kontakt@wuffundweg.de
Web: www.wuffundweg.de

Hundeauslaufgebiete

Altona
Altona-Altstadt
Walter-Möller-Park, Nähe Holstenstrasse
Antonipark, Pinnasberg Strasse
Altona-Nord
Alsenpark, Eckernförderstrasse
Bahrenfeld
Altonaer Volkspark, Parkplatz Grün
Baurstrasse, Pfitznerstrasse
Blankenese
Sven-Simon-Park , Nähe Waldpark Falkenstein
Gosslers Park
Rissen
Grünanlage an der Strasse Rüdigerau
An der Wedeler Au, Höhe Brudhildstrasse
Sülldorfer Landstrasse, Sieversstücken
Wittenbergener Elbufer
Lurup
Beim Rodelweg am Stückweg
Vorhornweg, nordwestlich vom Friedhof
Osdorf
Hans Christian Andersen Park, Knabenweg
Ottensen
Große Brunnenstrasse
Rosengarten, Höhe Neumühlen
Othmarschen
Groth-Park, Agathe-Lasch-Weg
Jenischpark im Südosten
Nienstedten
Westerpark, Eingang Jürgensallee
Sülldorf
Waldpark Marienhöhe, östlicher Zentralteich

Bergedorf
Allermöhe
Eichbaumpark, an der Dove Elbe – mit Badestelle
Gersonweg, Grünzug an der BAB
Bergedorf
Neu-Allermöhe,Grünzug an der BAB mit Badestelle
Ladenbeker Furtweg, Billwerder Billdeich
Koppel, östlich Bethesda Krankenhaus
Fritz-Lindemann-Weg, Reinbeker Redder,
Billwerder
Nördlich der S-Bahn zwischen Mittlerer
Landweg bis Höhe Fockenweide
Lohbrügge
Harvighorster Moor, Strasse an der Kreisbahn
Reinbeker Redder, Harvighorster Weg
Grünes Zentrum Lohbrügge - mit Badestelle
Binnenfeldredder an der Landesgrenze
Heidkampsredder, an der Bornbek
Ladenbeker Furtweg , an der Bergedorfer Landstrasse
Forstfläche Sander Tannen
Ochsenwerder
Overwerder Hauptdeich, Hohendeicher
See, nordwestlicher Grünzug

Eimsbüttel
Eidelstedt
Jaarsmoor, Redingskamp
Eimsbüttel
Eidelstedter Weg, Ecke Heußweg
Doormannsweg, Weberspark
Bogenstraßen Park
Harvestehude
Oberstrasse bei den Grindelhochhäusern
Alstervorland, nördlich Fährdamm, DOGSTATION
Niendorf
Voßberg
Rahweg, Burgunderweg
Niendorfer Gehege
Garstedter Weg, Höhe Alwin-Lippert-Weg
Schnelsen
Im Norden vom Wassermannpark
Stellingen
Stellinger Schweiz

Harburg
Eißendorf
Göhlbachtal neben dem Lohmühlenteich
Heimfeld
Forstfläche Heimfelder Holz (zwischen Mayers Park
und Heimfelder Strasse)
Neugraben Fischbek
Kiesgrube südlich Kiesbarg
Am Ende des Falkenbergsweg, neben dem Heidefriedhof
Rehrstieg, gegenüber der SBahn
Neuwiedenthal
Marmstorf
Langenbeeker Weg, im Süden des Harburger Stadtparks, DOGSTATION

Mitte
Billstedt
Steinfurths, Diek neben der BAB
Öjendorfer Park, südöstlich des Sees, DOGSTATION
Hamm - Nord
Casper-Voght-Strasse, Am Elisabeth Gehölz
Horn
Im Süden der Horner Rennbahn
Neustadt
Neustädter Neuer Weg, DOGSTATION
Rothenburgsort
Elbpark Entenwerder
St. Georg
Lohmühlenpark
St. Pauli
Pepermöhlenbek, Finkenstrasse
Simon-von-Utrecht-Strasse, Ecke Schmuckstrasse

Nord
Barmbek-Nord
Bramfelder Strasse an der Seebek
Dulsberg
Nordschleswiger Strasse, Dulsberg Grünzug
Eppendorf
Martinistrasse im Eppendorfer Park
Kellinghusenpark, im Norden an der Goernestrasse
Fuhlsbüttel
Hummelsbüttler Kirchenweg, in der Kleingartenanlage, südlich vom Teich
Langenhorn
Fritz-Schuhmacher-Allee, zwischen Immenbarg und Herzmoor
Ohlsdorf
Kerbelweg, Beisserstraße
Alsterwiesen/Wellingsbüttler Landstrasse, Höhe Stübeheide
Uhlenhorst
Fährhausstrasse, An der Aussenalster
Immenhof, Kuhmühlenteich
Winterhude
City Nord, Hongkong Kehre
City Nord, Djakartaweg
City Nord, Singapurweg, Manilaweg
City Nord, Überseebrücke, Limaweg
City Nord, Hongkong Kehre
City Nord, Jahnring, Überseebrücke
City Nord, Jahnbrücke, Hebebrandtstrasse
Grünzug Bebelallee, nördlich Lattenkampsteig
Alte Wöhr, Saarlandstrasse am Barmbeker Stichkanal
Stadtpark im Süden vom Sierichschen Gehölz, DOG-STATION

Wandsbek
Bramfeld
Grünzug, Steilshooper Allee
Am Stühm Süd, Kienholt
Eilbek (Barmbek-Süd)
Friedenstrasse, im Südosten vom Jacobipark
Am Eilbekkanal, Eilenau, von Essenstrasse
Farmsen-Berne
Berner Heerweg, Höhe Bus
Brookshöhe, südlich vom Regenrückhaltebecken
Hummelsbüttel
Tegelsbarg, Högenredder
Jenfeld
Elsa-Brandström-Strasse, Holstenhofweg, An der BAB
Schiffbeker Weg, Elfsaal

Gesetz & Ordnung / Politik & Soziales

Hundesportverein VSD-Fuhlsbüttel e.V.
Sachsenstieg bei 5a,
22455 Hamburg
E-Mail: hundesport@vsd-fuhlsbuettel.de
Web: www.vsd-fuhlsbuettel.de
Sich gemeinsam mit anderen Mensch-Hund-Teams sportlich betätigen, spazieren zu gehen und der Kontakt & Austausch ist unser Weg.

Polizeihundverein Alstertal von 1950 e.V.
Tobias Stölting
Hopfenweg
22399 Hamburg
Mobil: 0160-159 29 95
Web: www.phv-alstertal.de

Rechtsanwaltskanzlei Thalwitzer
René Thalwitzer
Isoldenstraße 10a
95445 Bayreuth
Tel.: 0921-1512341
Fax: 0921-1512342
Mail: mail@kanzlei-thalwitzer.de
Web: www.kanzlei-thalwitzer.de

Gesundheit & Wellness

Fit mit Hund® Studio
Hundephysiotherapie inkl. Unterwasserlaufband,
Hundetierheilpraxis, Hundeosteopathie
Hauptstraße 30b
22885 Barsbüttel
Tel.: 040-320 32 527
E-Mail: kontakt@fit-mit-hund.de

Hundeschön & Katzenfein
Tierpflege und Tierheilpraktik Nicole Hauer
Fuhlsbüttler Passage 4
22339 Hamburg
Tel.: 040 – 65 86 72 47
Mail: mail@hundeschoen-katzenfein.de
Web: www.hundeschoen-katzenfein.de
Hundefriseursalon und Tierheilpraxis unter einem Dach. Alternative Therapien und fachgerechte Fellpflege für Ihren Vierbeiner.

Kirsten Grenville
Tierheilpraktiker
Eichendorffstr. 17a
22587 Hamburg
Tel.: 040-822 799 62
Mobil: 0172 544 58 83
Web: www.tierbioresonanz-hamburg.de

Mobile Tierheilpraxis
Tierheilpraktikerin Julia Tinnemann
Nedderfeld 110 E
22529 Hamburg
Tel.: 040-87 50 35 55
Mobil: 01578-81 47 999
E-Mail: info@thp-tinnemann.de
Web: www.thp-tinnemann.de
Ernährungsberatung mit Schwerpunkt Rohfütterung (Barf) – Homöopathie, Seminare, Naturheilverfahren

Praxis für Klassische Homöopathie
Dr.med.vet. Thurid Schott
Glindersweg 27
21029 Hamburg
Tel.: 040-739 279 15
Web: www.homöopathie-hh-bergedorf.de

Praxis für Naturheilkunde und Akupunktur
Daniela Schütz
Tannenweg 15a
21224 Rosengarten
Tel: 04105-676 030
Email: info@schuetz-dein-tier.de
Web: www.schuetz-dein-tier.de

struwweldog
Putzbüddel für den Hund
Friedrich-Ebert-Str. 46
22459 Hamburg
Tel.: 040-506 828 81
Mobil: 0179-667 76 10
E-Mail: dog@struwweldog.de
Web: www.struwweldog.de

Tierärztliche Gemeinschaftspraxis Dr. Rüschoff und Dr. Christian
Schmarjestr. 52
22767 Hamburg
Tel.: 040-380 96 48
Fax: 040-380 377 27
Email: tierarztpraxis.altona@googlemail.com
Kleintiere, Exoten, Verhalten

Tierärztliche Praxis für Kleintiere
Fabriciusstrasse 19-25
22177 Hamburg
Tel.: 040- 619 200
Notdienst-Hotline: 0174-970 68 22
Fax: 040-619 576
E-Mail: info@kleintiere-hamburg.de
Web: www.kleintiere-hamburg.de

Tierarztpraxis Dorothea Vogg
Pferde und Kleintiere
Sülldorfer Kirchenweg 218
22589 Hamburg
Tel.: 040-87 77 76
Mobil: 0171-440 55 55
Fax: 040-87 69 70
E-Mail: mail@tierarztpraxis-vogg.de
Web: www.tierarztpraxis-vogg.de

Tierarztpraxis Dr. Dagmar Vogel
Tresckowstr. 6
20259 Hamburg
Tel.: 040-496 263
Web: www.tierarzt-hh.de

Tierarztpraxis Dr. Heiko Delorme
Saseler Chaussee 145
22393 Hamburg
Tel.: 040-636 444 86
Fax: 040-636 493 24
E-Mail: info@dr-delorme.de
Web: www.dr-delorme-hamburg.de

Tierarztpraxis Hamburg-West
Langelohstr. 134
22549 Hamburg
Tel.: 040-87 08 26 65
Fax: 040-87 93 26 05
Mail: praxis@tierarztpraxis-hhwest.de
Moderne medizinische Betreuung auf Klinikniveau oder freundliche, individuelle und stressfreie Behandlung? Hier finden Sie Beides! Wir nehmen uns Zeit!

Tierarztpraxis Westend Village
Theodorstr. 42-90, Haus 4a
22761 Hamburg-Bahrenfeld
Tel.: 040-881 724 99
Fax: 040-881 724 97
E-Mail: info@tierarztpraxis-westendvillage.de
Web: www.tierarztpraxis-westendvillage.de
Moderne Kleintierpraxis, die auf Klinikniveau arbeitet. Wir bieten: digitales Röntgen, hauseigenes Labor, professionelle Zahnbehandlung, Inhalationsnarkose mit Narkoseüberwachung, spezielle Augenuntersuchungen und vieles mehr! Wir freuen uns auf Ihren Besuch!

Tierheilpraktikerin Anke Detlefsen
Barenbleek 27
22179 Hamburg
Tel.: 040-696 446 68
Web: www.thp-detlefsen.de

Tierheilpraktikerin Claudia Arndt
Krohnskamp 37
22301 Hamburg
Tel.: 040-278 066 16
Web: www.tierheilpraktiker-arndt.de
Behandlung von Stoffwechsel- und chronischen Erkrankungen, Behandlung von Therapieblockaden als Folge durchlebter Traumata.

Tierheilpraktikerin Jenny Kother
Kinesiologin
Islandstraße 7
22145 Hamburg
Tel.: 040-46 86 18 53
Mobil: 0170-216 72 04
E-Mail: info@thpjk.de
Web: www.thpjs.de

Tierheilpraktikerin Yvonne Danger
Rathausstraße 9
22941 Bargteheide
Tel.: 04532-280 08 85
Web: www.tierheilpraxis-danger.de

Tierheilpraxis Britt Bachmayer-Ernst
Furth 2
22850 Norderstedt
Tel.: 040-525 604 56
Fax: 040-525 604 55
E-Mail: mail@bbe-tiere.de
Web: www.bbe-tiere.de
Groß u. Kleintiere
Bioresonanz, Klassische Homöopathie, Blutegel, Laser, Bachblüten

Tiernaturheilpraxis
Corinna Gerbitz
Tierheilpraktikerin ATM
Akupunktur, Homöopathie, Blutegel, Gangbildanalyse
Norderstraße 2
21481 Lauenburg
Tel: 04153 569363
Mobil: 0176 24177717
E-Mail: THP-Gerbitz@t-online.de
Web: www.tiernaturheilkunde-lauenburg.de

Tierphysiotherapie Hamburg-West
Langelohstr. 134
22549 Hamburg
Tel.: 040-87 08 26 65
Fax: 040-87 93 26 05
Mail: physio@tierarztpraxis-hhwest.de
Web: www.physiotierarzt-hhwest.de
Die Tierphysiotherapie kennt viele wirksame Techniken, um unseren vierbeinigen Patienten zu helfen. Darüber hinaus fördert sie das Wohlbefinden Ihres Schützlings.

Tierphysiotherapie-Nord
Silker Weiche 7
21465 Reinbek
Tel.: 04104-9061 276
Mobil: 0176-222 597 51
E-Mail: info@Tierphysiotherapie-Nord.de
Web: http://tierphysiotherapie-nord.de

Tzar Creative
Hundesalon
Kerstin Klimaschewski
Oststeinbeker Weg 122
22117 Hamburg
Tel.: 040-38 67 49 84,
Web: http://tzar-creative.npage.de

Wundertier
Naturkost & Drogerie für Haustiere
Garchinger Str. 36

80805 München
Tel.: 089 -17929942
Mail: info@wunder-tier.de
Web: www.wunder-tier.de

Shopping & Lifestyle / Leben & Arbeit

Annette Wiechmann
Fotos von Mensch und Tier
Tel.: 040-6083096
Mobil: 0176-48288759
E-Mail: foto-annettewiechmann@gmx.de
Web: www.foto-annettewiechmann.de

Bellfidel Dog Friendly Products and Services GmbH
Hundeboutique
Rodigallee 238
22043 Hamburg
Tel.: 040-668 79 776
Fax: 040-668 79 778
E-Mail: support@bellfidel.de, info@bellfidel.de
Web: www.bellfidel.de
Hochwertige Hundebedarfsartikel, Pflegeprodukte, Groomingwerkzeuge u.v.m

Berit Seiboth
Tierfotografin
Kentzlerdamm 27
20537 Hamburg
Tel.: 040-21008997
Mobil: 0177-8987596
Web: www.bs-tierfoto.de
Ich setze Ihren Hund ins rechte Licht. Auf meinen Fotos kommt die Persönlichkeit ihres Hundes richtig zur Geltung.

Birte Peters
Tier- und Businessfotografin
Ewaldsweg 10
20537 Hamburg
Tel.: 0170-1835746
E-Mail: mail@birte-peters.com
Web:www.birte-peters.com

Dogs-Castle
The finest for Dogs
Tel.: 0049-02162-5307724 mit AB. (bitte hinterlassen Sie Ihre Rufnummer und den Namen, da wir später zurückrufen)
E-Mail: info@dogs-castle.de
Web: www.Dogs-Castle.de, www.Dogscastle.de

Dog's Finest (Versandhandel)
VieVital GmbH
Steindamm 55-59

20099 Hamburg
Tel.: 040-422 36 170 15
Fax: 040-422 36 170 20
Web: www.dogsfinest.de

DOGS in the CITY
Online-Shop
Tel.: 040-42 32 69 10
Mobil: 0172-999 20 88
E-Mail: nicole.meins@dogs-in-the-city.de
Web: www.dogs-in-the-city.de

Dog Toy
Onlineshop Kerstin Schulz
E-Mail: info@dog-toy.de
Web: www.dog-toy.de

GHV-Walddörfer e.V.
Gebrauchshundverein in Hamburg
Moorredder 59
22359 Hamburg
E-Mail: info@ghv-walddoerfer.de
Web: www.ghv-walddoerfer.de
*Fit und gesund durch Sport mit dem Hund!
Besuchen Sie uns ganz unverbindlich oder kommen Sie einfach zum Probetraining.
Wir bieten folgende Trainingsmöglichkeiten:
Welpengruppe – Grundausbildung – Junghundtraining – Turnierhundsport – Obedience – Gebrauchshundsport – Fährtenarbeit
Wir freuen uns auf Sie!*

hundskerle
Wendelsteinstraße 10 / Dreitorspitzstraße
85591 Vaterstetten bei München
Tel.: 08106 2130 282 Laden
Tel.: 089 46 2000 51 Büro
Fax: 089 46 2000 52 Büro
E-Mail: info@hundskerle.de
Web: www.hundskerle.de

Mellow Bello
Dockenhudener Straße 4-6
22587 Hamburg
Tel.: 040-86 62 82 00
E-Mail: info@mellow-bello.de
Web: www.mellow-bello.de
Individuelles, buntes und hochwertiges Hunde Allerlei, unweit der Elbe! Den Spaziergang am Hundestrand unbedingt mit einem Abstecher zu uns verbinden.

Pet Shop Boyz
Mathias Hoffmann
Schmilinskystraße 15
20099 Hamburg
Tel.: 040-2880 3610
Fax: 040-2880 3611
E-Mail: shop@pet-shop-boyz.de
Web: www.pet-shop-boyz.de

Petsworld and more
Onlinehandel Sabine Lattke
Fruerlundholz 27
24943 Flensburg
Tel.: 0461-318 81 03
Fax: 0461-318 81 04
E-Mail: info@petsworld-and-more.de
Web: www.petsworld-and-more.de

Puppy & Prince Online Hundeshop
Internationales Hundezubehör
Giesbethweg 27
91056 Erlangen
Tel.: 09135-210 838
E-Mail: info@puppyundprince.de
Web: www.puppyundprince.de

REMILU Photodesign
Michelle Ruch
Kreuzhornweg 36b
21521 Dassendorf
Mobil: 01522-9350833
Mail: info@remilu.de
Web: www.remilu.de
www.facebook.com/remilu.de

Treu Hamburg
Antje Hecker
Lehmweg 5120251 Hamburg
Tel.: 040 / 439 83 13E-Mail: info@treu-hamburg.de
Web:www.treu-hamburg.de
*Praktisches & Unterhaltsames, Kreatives & Sinnvolles, Feines & Leckeres...
Di - Fr 11 bis 19 Uhr, Sam 11 bis 16 Uhr*

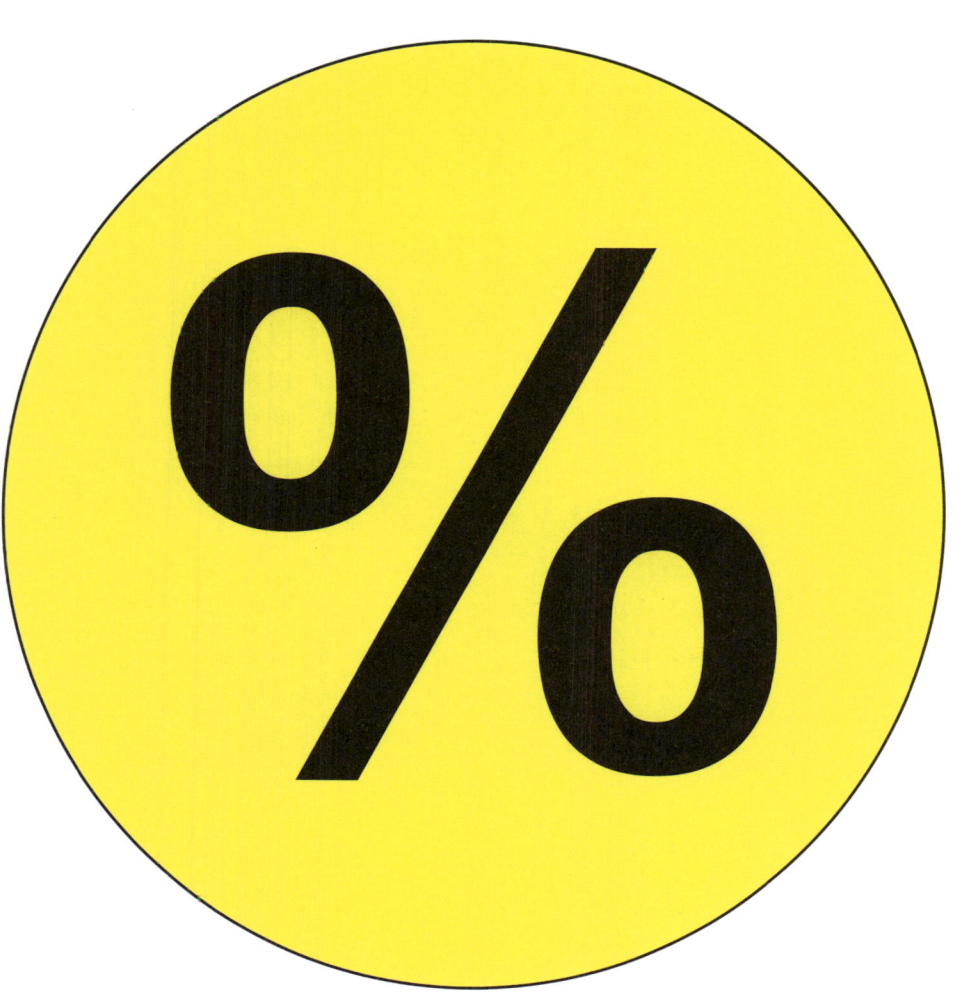

Rabatt-coupons

Rabattcoupons

Rabattcoupons

Hundeschule dogs pro
22885 Barsbüttel
0179/200 65 03

Kostenlose Schnupperstunde „Mantrailing" –
die artgerechte Beschäftigung für den
Familienhund

Bellfidel Hundeboutique & Onlineshop
Rodigallee 238
22043 Hamburg
Mo-Fr 9-17 Uhr
www.bellfidel.de

10 % Rabatt auf ihre Bestellung bei www.bellfidel.de oder Ihren Einkauf in der Bellfidel Hundeboutique. Einmalig einlösbar bis 31.12.2014.
Rabattcode: FredOtto

Hundeschule Karsten Schmiel
Tel.: 0176 83218412

Gratis Probestunde für Ihren Welpen/Junghund (bis 6 Monate)

Voraussetzung: vollst. Impfstatus & Haftpflichtversicherung

Anmeldung erforderlich!

Rabattcoupons

Rabattcoupons

Berit Seiboth
Tierfotografin
Kentzlerdamm 27
20537 Hamburg
Tel.: 040-21008997
Web: www.bs-tierfoto.de

Bei Vorlage dieses Coupons erhalten Sie einen Rabatt von 20 % auf ein Foto-Shooting (96,- Euro anstatt 120,- Euro).

Hundeschön & Katzenfein
Tierpflege und Tierheilpraktik Nicole Hauer
Fuhlsbüttler Passage 4
22339 Hamburg
Tel.: 040 – 65 86 72 47
Mail: mail@hundeschoen-katzenfein.de
Web: www.hundeschoen-katzenfein.de

Bei Vorlage des Coupons erhalten Sie einmalig 25 % Rabatt auf einen Hundehaarschnitt.

Tierarztpraxis Hamburg-West
Langelohstr. 134
22549 Hamburg
Tel.: 040-87 08 26 65
Fax: 040-87 93 26 05
Mail: praxis@tierarztpraxis-hhwest.de
Web: www.tierarzt-hhwest.de

Bei Vorlage dieses Coupons erhalten Sie beim Einkauf ab einem 5kg Futtersack 10 % Rabatt.

Rabattcoupons

Rabattcoupons

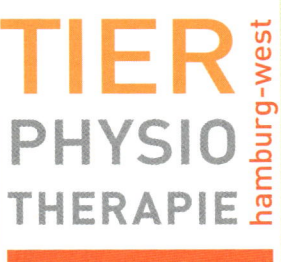

Tierphysiotherapie Hamburg-West
Langelohstr. 134
22549 Hamburg
Tel.: 040-87 08 26 65
Fax: 040-87 93 26 05
Mail: physio@tierarztpraxis-hhwest.de
Web: www.physio.tierarzt-hhwest.de

Gutschein für eine Schnuppersitzung

Gutscheincode: Gutschein-Fred&Otto
Bei dem Gutschein handelt es sich um
einen 10% Rabatt-Gutschein.

www.mister-mo.de

Wundertier
Naturkost & Drogerie für Haustiere
Garchinger Str. 36
80805 München
Tel.: 089 -17929942
Mail: info@wunder-tier.de
Web: www.wunder-tier.de

Sie erhalten einmalig zu Ihrer Bestellung bei
www.wunder-tier.de die wunderbare Wunder-
tiertüte mit vielen Überraschungen.
Gutscheincode: Fred&Otto

Öffnungszeiten: Mo-Fr 10:00 bis 19:00Uhr,
Sa 10:00 bis 15:00Uhr

Rabattcoupons

Rabattcoupons

Felldummy.de
Anke Haller
Mobil: 01719839868
Mail: anke@felldummy.de

Gutscheincode: FRED&OTTO
1 x pro Kunde 10 % Rabatt
auf www.felldummy.de

Ab einem Bestellwert von 15 Euro
erhalten Sie 100 Gramm Softies gratis

Gutscheincode: Fred-und-Otto-Hamburg

Ihr Vorteil: Beim Kauf des ersten 15 kg-Sacks Flexidog schenken wir Ihnen die stabile und multifunktional einsetzbare 70 Liter-Futtertonne dazu!

Gutscheincode: FREDUNDOTTO

www.foodforplanet.de

Rabattcoupons

Stadtführer für Hunde
FRED & OTTO

unterwegs in ...

Hamburg, Düsseldorf, Köln, Berlin, Frankfurt am Main, München, Sylt ... und ab Frühjahr 2014 auch in Wien und im Ruhrgebiet

14,90 Euro

Mehr Infos unter www.fredundotto.de

Rupert Fawcett

Leinenlos! (Off the Leash)

Das geheime Leben der Hunde

Fantastisch und treffend beobachtet, herzerwärmend!

Der Facebook-Erfolg mit über 200.000 Freunden erstmals als Buch!

Umfang: 160 S.
Format: 14 x 15,5 cm
Ausstattung: Klappenbroschur
Abb.: 160 Cartoons
ISBN: 978-3-95693-001-0
Preis: **9,90 Euro**
Verlag: www.fredundotto.de

Wollten Sie auch schon immer wissen, was ihr Hund wirklich denkt? Rupert Fawcetts Cartoon-Serie "Off the Leash" über die geheimen Wünsche der Hunde hat in kürzester Zeit eine weltweite Fangemeinde gefunden. Der sensationelle Facebook-Erfolg des Londoner Kult-Cartoonisten liegt nun erstmals gesammelt in einem Buch vor: Fantastisch und treffend beobachtet, herzerwärmend komisch mit bissigem britischem Humor. Ein kurzweiliger Comic-Spaß – nicht nur für Liebhaber der schwanzwedelnden Vierbeiner.

Rupert Fawcett hat mit seinem Cartoon "Off the Leash" einen spektakulären Erfolg in der angelsächsischen Welt gehabt. Der Zeichner lebt mit seiner Familie in London und mag Hunde - und weiß, was sie wirklich über uns denken!

Barbara Wrede

Wartende Hunde

Ein Buch über die Treue

Der schön ausgestattete Bildband enthält über 100 Fotografien und Texte der Künstlerin. Herausgekommen ist ein Buch für alle Hundefans - und treue Menschen (und die, die es werden sollten).

Umfang 200 S.
Format: 22 x 19 cm
Abb.: 160 Bilder
Hardcover
ISBN 978-3-9815321-2-8
Preis: **22,90 Euro**
Verlag: www.fredundotto.de

Ein wunderbares Buchgeschenk: Seit 1994 fotografiert die Berliner Künstlerin Barbara Wrede wartende Hunde. Die Serie „Wartende Hunde" ist Hachiko, dem japanischen Akita gewidmet, der 10 Jahre am Bahnhof auf sein verstorbenes Herrchen gewartet hat. Zugleich ist die Serie ein Versuch über die Treue.

Die Fotos der Serie „Wartende Hunde" entstanden nicht nur in Berlin, sondern auch auf Reisen nach Venedig, New York und in vielen anderen Orten.

Die Künstlerin Barbara Wrede aus Berlin gründete den Köterklub. In ihrem Atelier porträtiert, fotografiert und zeichnet sie Hunde und betreibt meditative, bis zu einem Quadratmeter große Fellstudien. Mit Buntstift.